# LES
# PAPILLONS
## INDIGÈNES

### LEUR DESCRIPTION ET LEURS MOEURS

AVEC UN

## MANUEL PRATIQUE

DU CHASSEUR ET DU COLLECTIONNEUR DE CES INSECTES

PAR

## M. RAVERET-WATTEL

Membre de la Société zoologique d'acclimatation

———

### OUVRAGE ILLUSTRÉ DE 80 VIGNETTES

———

# PARIS
## LIBRAIRIE DE L. HACHETTE ET Cᵉ
BOULEVARD SAINT-GERMAIN, 77

——

**Prix : 2 francs 50 centimes.**

LES

# PAPILLONS INDIGÈNES

33430

PARIS. — TYP. ROUGE FRÈRES, DUNON ET FRESNÉ.

# LES
# PAPILLONS INDIGÈNES

## LEUR DESCRIPTION ET LEURS MŒURS

AVEC UN

# MANUEL PRATIQUE

## DU CHASSEUR ET DU COLLECTIONNEUR DE CES INSECTES

PAR

## M. RAVERET-WATTEL

Membre de la Société zoologique d'acclimatation

OUVRAGE ILLUSTRÉ DE 80 VIGNETTES

## PARIS
## LIBRAIRIE DE L. HACHETTE ET Cᵉ
BOULEVARD SAINT-GERMAIN, 77

1868

DÉPÔT LÉGAL
Seine
604

# PRÉFACE

—

Présenter, sous une forme à la fois agréable à la lecture et commode pour les recherches, tous les renseignements de nature à faciliter l'étude des Lépidoptères, tel est le but que nous nous sommes proposé en publiant ce volume, spécialement destiné aux amateurs de la chasse aux papillons. Ils y trouveront non-seulement de nombreux conseils pratiques pour la formation et la conservation des collections, mais encore la description de toutes les principales espèces indigènes, accompagnée de figures très-exactes et d'importants détails sur la vie, les métamorphoses, les mœurs de ces insectes, leurs habitudes, l'époque de l'année où ils se mon-

LES

# PAPILLONS INDIGÈNES

---

## INTRODUCTION

—

Deux mots sur les Insectes en général. — Caractères généraux des Papillons. — OEufs. — Chenilles. — Chrysalides. — Insecte parfait.

On désigne sous le nom d'Insectes — dérivé du mot latin *insectus*, divisé — une classe de petits animaux dont le corps est en effet divisé en plusieurs sections ou pièces rigides, réunies entre elles par des parties molles qui leur assurent une mobilité plus ou moins grande. Les trois pièces principales (la tête, le thorax ou corselet, et l'abdomen) sont elles-mêmes formées de pièces secondaires ou anneaux articulés les uns aux autres, et dont la partie la plus solide se trouve à l'extérieur ; c'est une peau coriace, en dedans de laquelle s'attachent les muscles de l'animal, qui est entièrement dépourvu de vertèbres.

Ces divers caractères classent les Insectes parmi les animaux articulés, dont ils forment une des principales divisions, et certainement le groupe le plus intéressant. Tous sont pourvus de trois paires de pattes et de deux ou quatre ailes, sur les caractères desquelles repose en grande partie leur classification. Ainsi, il y a : les *Coléoptères* (du grec κολεὸς, étui ; et πτερον, aile) qui ont quatre ailes, dont la première paire forme une sorte d'étui protégeant la seconde paire pendant le repos ; exemple : le hanneton ; les *Névroptères* (de νεῦρον, nervure) dont les ailes transparentes sont marquées de nervures formant une sorte de réseau ; exemple : les libellules ; les *Lépidoptères* (de λεπὶς, écaille) qui ont les quatre ailes couvertes d'écailles microscopiques ; exemple : les papillons ; etc., etc.

Ce volume ayant exclusivement pour objet l'étude des Lépidoptères, nous allons, dès maintenant, ne nous occuper que d'eux seuls.

A ce caractère que nous venons de signaler — leurs ailes écailleuses — s'en ajoute un autre qui sépare nettement les Lépidoptères ou Papillons de tous les autres insectes : c'est la trompe plus ou moins longue dont leur bouche est munie dans l'état d'insecte parfait. Car, hâtons-nous de le dire, les papillons, comme tous les animaux de leur classe, subissent, dans le cours de leur existence, une série de transformations ou métamorphoses complètes; c'est-à-dire qu'ils passent successivement par plusieurs états dans chacun desquels ils ont une forme, une organisation et des mœurs différentes. OEuf d'abord, puis chenille, plus tard chrysalide, ou nymphe, le lépidoptère devient enfin papillon, ou insecte parfait, et c'est alors que, débarrassé de ses langes, il s'élance joyeux dans les airs, étalant au soleil les brillantes couleurs de ses ailes. Beaucoup de nos espèces indigènes sortent de l'œuf à l'automne ou à la fin de l'été, vivent à l'état de chenille jusqu'à l'approche de la mauvaise saison, passent l'hiver engourdies, se réveillent au printemps et se métamorphosent au commencement de l'été; mais ce fait est loin d'être général, ainsi que nous allons le voir en examinant successivement les divers états que nous n'avons fait qu'indiquer.

**ŒUFS**. — C'est toujours sur la plante dont les feuilles doivent servir à la nourriture de sa postérité que le papillon femelle dépose ses œufs, et, chose remarquable, cette plante est très-souvent d'une espèce unique, comme si la nature avait créé la plante pour la chenille ou la chenille pour la plante (1). Quand cette mère prévoyante jouit d'une parfaite liberté, que rien ne vient contrarier son instinct, on peut être sûr qu'il n'y aura de sa part ni négligence, ni méprise. La plante trouvée, elle saura choisir avec non moins de discernement la place la plus convenable pour pondre. Si les œufs doivent éclore avant l'hiver, c'est sur la feuille même de la plante qu'elle les déposera, afin que, dès leur naissance, les larves trouvent à leur portée la nourriture qui leur convient; tandis que, si l'hiver approche et que l'éclosion ne doive avoir lieu qu'au printemps, c'est sur une branche et souvent dans les sillons de l'écorce qu'elle fera sa

(1) On sait en effet que beaucoup d'espèces de chenilles vivent à peu près exclusivement d'une seule espèce de plante : nous citerons, par exemple, le bombyx du mûrier, celui de l'aïlanthe, celui du chêne, qui ne vivent chacun que de la plante qui sert à le désigner, ou bien encore la chenille du grand paon, qui vit sur le poirier, etc., etc.

ponte. Et ce dépôt n'est pas formé au hasard et d'une manière uniforme ; un instinct merveilleux semble présider à cette opération : dans le cas où les chenilles à naître doivent vivre en société, les œufs sont toujours réunis ; si, au contraire, chaque larve doit mener une vie solitaire, les œufs sont placés isolément à la suite les uns des autres, et à des distances plus ou moins grandes. La plupart des papillons de jour procèdent ainsi, et l'on ne connaît guère que quelques espèces du genre *Pieris* qui placent leurs œufs serrés en groupes.

Ce n'est pas tout : il faut encore que les œufs soient protégés contre les intempéries de l'hiver ; or, les prudentes pondeuses tiennent de la nature divers moyens de préservation très-efficaces. Les unes, et c'est le plus grand nombre, enduisent leurs œufs, au fur et à mesure de la ponte, avec un vernis glutineux qui les fixe à la plante servant de support, et qui durcit à l'air de telle sorte que, si les œufs sont agglomérés, ils forment un tout uni et solide sur lequel la pluie et le vent n'ont aucune prise. D'autres, en pondant, disposent les œufs par couches séparées entre elles par un lit de poils doux et fins, extraits d'une espèce de

1.

houppe située à l'extrémité de l'abdomen, et, la ponte terminée, elles recouvrent la masse de plusieurs couches de ces mêmes poils disposées symétriquement les unes sur les autres comme les tuiles d'un toit, en sorte que la pluie glisse sur cette toiture sans atteindre les œufs. D'autres encore cachent les leurs sous une matière blanche insoluble dans l'eau et qui les préserve contre l'humidité.

Comme ceux de tous les insectes en général, les œufs des papillons résistent non-seulement à des variations, mais encore à des extrêmes de température qui détruiraient certainement la vie sous d'autres formes. Les froids les plus rigoureux de nos hivers ne peuvent tuer les œufs des espèces les plus délicates, dont la petite étincelle vitale suffit pour les empêcher de geler, même sous des températures qu'ils n'ont jamais à supporter à l'état de nature. Ainsi, on en a placé dans des mélanges réfrigérants, qui feraient descendre le thermomètre à 10° — 0, et ils n'en sont pas moins éclos ensuite. Quant à la résistance à la chaleur, nous dirons que quelques espèces tropicales déposent impunément leurs œufs sur le sable, dans des endroits brûlés par le soleil, où l'on ne saurait supporter la main pendant quelques instants ; la chaleur y atteint 88° + 0 (et on sait qu'il suffit d'une température moins élevée pour amener la cuisson de la viande) et cependant ils résistent parfaitement.

Dans leurs formes, les œufs des papillons ont beaucoup d'analogie avec les graines des végétaux. Quelquefois sphériques, plus souvent ovales ou cylindriques, ils sont rarement lisses ; leur surface est ordinairement creusée de sillons ou couverte d'arêtes saillantes ; on en voit qui sont striés, d'autres granulés, etc., etc. Ces œufs ont pour ennemis de très-petits insectes introduits à l'état de larves dans l'intérieur et qui en sortent insectes parfaits, après en avoir dévoré toute la substance. Ce sont des Cynips ou de petits Ichneumons.

**CHENILLES.** — Chez les lépidoptères, la période d'incubation a une durée assez variable. Elle peut être de quelques jours seulement, durant la belle saison (on sait que certaines espèces font plusieurs pontes pendant l'été), mais elle est de quelques mois, si les œufs ont été pondus à la fin de l'automne. Dans ce dernier cas, la vie embryonnaire reste latente pendant tout l'hiver, et ce n'est que lorsque la chaleur atmosphérique a développé ses jeunes organes que la petite larve fait son apparition et commence sa vie active. Pour faciliter la sortie de l'insecte, la nature a pratiqué à la partie supérieure de l'œuf une sorte de trappe que la chenille prisonnière n'a qu'à soulever ; mais il arrive que, dans certaines espèces, cette trappe n'existe pas ; dans ce cas, la jeune larve se fraye un passage en rongeant la coque de l'œuf.

Peu de temps avant l'éclosion, la forme et la couleur de la chenille peuvent se reconnaître à travers l'enveloppe qui la recèle. A sa sortie de l'œuf, elle a l'apparence d'un chétif petit ver; mais, aussitôt libre, sa première occupation (on pourrait dire l'unique occupation de toute sa vie à l'état de chenille, celle pour laquelle la nature semble l'avoir créée), c'est de manger, et c'est une fonction qu'elle accomplit consciencieusement aux dépens de la plante sur laquelle elle est née et qu'elle dévore avec une surprenante voracité (1)· Ainsi, dans l'espace de vingt-quatre heures, elle

(1) Quelques espèces commencent par dévorer entièrement la coque qu'elles viennent de quitter.

a déjà consommé en nourriture plus du double de
son poids, et doublé son volume. Son avidité croissant en raison de son développement, on estime
qu'elle a dévoré, en un mois, la prodigieuse quantité de 40,000 fois son poids et augmenté de
10,000 fois celui qu'elle avait en sortant de l'œuf.
Il n'existe pas d'autre exemple dans la nature
d'une croissance aussi rapide et d'une consomma-
tion aussi considérable de nourriture.

Le corps des chenilles est mou, diversement
coloré et divisé en douze segments ou anneaux
plus ou moins distincts, qui servent d'attaches aux
pattes. Le nombre de celles-ci est ordinairement
de seize. Les trois premières paires, situées en
avant, sont écailleuses et correspondent à celles de
l'insecte parfait. Ce sont les vraies pattes. Elles
sont séparées des autres par un intervalle plus ou
moins grand. Ces dernières, dont le nombre varie, selon les espèces, de deux à dix, sont membraneuses, susceptibles de s'allonger ou de se rac-
courcir à la volonté de l'animal, et se terminent
par une plaque demi-circulaire, pouvant se plier
en deux et entourée de petits crampons; disposition qui permet à la chenille de s'attacher forte-

ment aux branches ou aux feuilles des plantes. Les deux dernières sont situées à l'extrémité de l'abdomen, qu'elles supportent. Toutes les chenilles des papillons diurnes, comme celles des crépusculaires, ont seize pattes. Celles des papillons nocturnes font seules exception. Toute larve qui a moins de huit pattes ou plus de seize n'appartient point à un Lépidoptère, et n'est pas une chenille.

Outre les pattes, on distingue de chaque côté du corps des chenilles neuf *stigmates*, espèces d'ouvertures servant à l'introduction de l'air dans les *trachées*, organes de la respiration chez les insectes. Ces stigmates sont d'une couleur différente de celles des parties avoisinantes et ressemblent à de petites boutonnières obliques.

La tête, composée de plusieurs pièces écailleuses, présente de chaque côté de petits points noirs, saillants, peu visibles, semblables à des yeux lisses. La bouche, bien conformée pour la mastication, est pourvue de deux mandibules cornées et fortes; de deux mâchoires et de *palpes* destinés à diriger les aliments vers la bouche et à les y retenir; enfin, d'une lèvre inférieure sous laquelle il existe un mamelon cylindrique, percé d'un

petit trou servant de filière. C'est par là que sort
la soie que filent les chenilles. Les mâchoires sont
placées latéralement, s'ouvrant et se fermant de
côté et non de haut en bas, comme chez les animaux vertébrés. Cette disposition offre de grands
avantages pour l'insecte, qui se nourrit, ainsi qu'il
a l'habitude de se tenir, sur le bord même d'une
feuille.

Cramponné à l'aide de ses pattes membraneuses et dirigeant le bord de la feuille avec ses
pattes écailleuses, il allonge la tête autant qu'il le
peut et pratique une série d'entailles, rapprochant
à chaque fois la tête de plus en plus des pattes
jusqu'à ce qu'il les touche ; il entame ensuite la
feuille à côté de l'endroit où il a commencé à
manger, faisant les mêmes entailles, mais plus profondes, et ainsi de suite, jusqu'à ce qu'une large
découpure demi-circulaire soit formée, et atteigne
à peu près la nervure médiane de la feuille. Changeant alors de place, la vorace chenille recommence
son opération ; d'autres découpures sont prati-
quées de même et toute la feuille n'est bientôt
plus qu'un squelette.

Les chenilles ont, en général, le corps allongé

et presque cylindrique ou légèrement aplati à l'une ou même aux deux extrémités. Cependant, chez plusieurs espèces, il est renflé au milieu et se termine par une queue bifurquée. Enfin, d'autres chenilles sont grosses et courtes, comme les larves qui rongent le bois.

Les chenilles sont nues ou garnies de poils, ou bien encore couvertes d'appendices plus ou moins longs, quelquefois tuberculeux, qui leur donnent un aspect singulier, bizarre, souvent hideux et repoussant. Ces caractères leur ont valu, de la part des naturalistes, diverses appellations propres à les distinguer les unes des autres. Celles dont le corps est dépourvu de poils sont dites *glabres;* celles qui ont le poil doux et serré sont *pubescentes;* elles sont *velues* si le poil est long. Parmi celles qui sont nues, les unes ont la peau tantôt lisse et transparente, tantôt épaisse et opaque, terne ou luisante, et parfois chagrinée. Les chenilles velues sont les plus nombreuses. Dans le nombre, il en est beaucoup dont la robe n'est pas dépourvue d'une certaine beauté. Chez les unes le poil qui les recouvre entièrement est souple, fin et moelleux comme du velours, tandis qu'il est

roide comme du crin chez d'autres, que l'on appelle *chenilles hérissonnes*, parce qu'elles ont l'habitude de se rouler en boule lorsqu'on veut les
toucher ; toutes produisent d'assez beaux papillons
aux habitudes nocturnes. Quelques espèces ont
leurs poils réunis en touffes qui recouvrent certaines parties du corps, et disposés en aigrettes,
en houppes ou en pinceaux colorés de teintes souvent brillantes et tranchées. Ils sont implantés sur
de petits tubercules parallèlement alignés le long
du corps. Les chenilles ainsi ornées appartiennent
aux grosses espèces et donnent de beaux papillons. D'autres, dites *épineuses*, ont le corps hérissé
de poils rudes et piquants, tantôt simples, tantôt
ramifiés.

Un grand nombre de chenilles velues, mais
entre autres celles qui vivent en troupes et qui
sont connues sous le nom de *Processionnaires*, les
*Bombyces du chêne*, les *Lithosies*, les *Liparis*, etc.,
portent dans leur toison des poils *urticants*, c'està-dire dont le simple contact occasionne des démangeaisons et des éruptions inflammatoires analogues aux piqûres des orties. Ces poils sont si
ténus, qu'on ne peut les distinguer qu'au micro-

scope, et c'est surtout au moment où la chenille change de peau, ou qu'elle va se transformer en chrysalide, qu'ils se détachent de son corps pour se répandre dans l'air  Les démangeaisons produites par ces microscopiques aiguillons sont parfois très-irritantes; Réaumur resta plusieurs jours malade pour avoir étudié de trop près les mœurs des Processionnaires. Hâtons-nous de dire qu'avec quelques précautions, on peut facilement éviter ces désagréments, qui sont d'ailleurs à peu près les seuls qu'occasionnent les chenilles, dont aucune espèce indigène n'est venimeuse, comme le croient encore quelques personnes.

La locomotion ne s'opère pas d'une manière uniforme chez toutes les chenilles, et cela se conçoit puisque leurs pattes, organes du mouvement, sont moins nombreuses chez les unes que chez les autres. Celles qui en possèdent seize ont une marche régulière, plus ou moins vive, exécutée à petits pas et avec un mouvement vermiculaire, c'est-à-dire que le corps forme alors de petites ondulations occasionnées par les segments ou anneaux dont il est composé, et qui, s'emboîtant les uns dans les autres, rentrent et sortent successivement, ce qui les allonge et les raccourcit alternativement. Mais, quand plusieurs paires de pattes manquent, comme chez les Arpenteuses, par exemple, qui n'ont que quatre pattes membraneuses, le milieu du corps reste sans appui, en sorte que, pour marcher, l'animal est obligé de rapprocher les pattes de derrière de celles de devant en courbant son corps en arc ; puis, détachant celles-ci, il lance en avant la partie antérieure de son corps. Ce premier pas fait, il recommence prestement la même manœuvre pour les pas subséquents, ce qui lui permet d'avancer au moins aussi vite que s'il possédait les seize pattes normales. C'est cette singulière manière de se mouvoir qui a valu à ces chenilles le nom d'*Arpenteuses* ou de *Géomètres,* parce qu'elles semblent mesurer l'espace qu'elles parcourent. Il y a des Demi-Arpenteuses qui, munies de six ou huit pattes membraneuses, sont aussi obligées de relever le milieu du corps en arc pour marcher. Enfin, on appelle Fausses-Arpenteuses certaines chenilles dont les deux ou trois premières paires de pattes membraneuses sont trop courtes pour servir à la marche, et qui arquent également leur corps pendant la progression.

Les mœurs des chenilles ne sont pas moins remarquables que la conformation et la couleur de
leur corps. Aussitôt après leur naissance, la plupart cherchent une retraite pouvant les garantir
de la pluie et du froid. Les unes se creusent un
abri dans l'épaisseur même de la feuille qui leur
sert de nourriture, ou bien elles roulent la feuille
de diverses façons et se tiennent au milieu dans un
nid formé de fils de soie ; d'autres se nichent dans
les replis des écorces ou dans des paquets de feuilles réunies et liées entre elles par un tissu soyeux,
ainsi que cela se voit fréquemment sur les arbres
de nos jardins. Ainsi cachées, elles rongent à leur
aise les parois de leur demeure, et, si l'on veut les
faire sortir de force de leur réduit, elles s'agitent
et paraissent inquiètes. Il en est enfin qui .vivent
dans l'intérieur des plantes, des arbres, dans leurs
racines, ainsi que dans leurs fruits.

La plupart des chenilles mènent une vie solitaire ; mais il en est cependant qui vivent en famille, sous une tente commune assez grande pour
contenir plusieurs centaines d'individus, tous enfants de la même mère. Et si elles sont nées en
automne, elles passent ainsi l'hiver, serrées les

unes contre les autres, sans prendre de nourriture
et dans une immobilité complète. Certaines espèces conservent leur habitation même pendant
l'été, ne s'en éloignant que pour aller manger, et
cette vie en commun dure, pour quelques-unes,
jusqu'au moment de leur métamorphose. Telles
sont les Processionnaires du pin et celles du
chêne.

Toutes les chenilles ne mangent pas aux mêmes
heures; si les unes mangent presque constamment, d'autres ne prennent leurs repas que le
matin et le soir, et se reposent dans la journée.
D'autres, enfin, ne remplissent ces fonctions que
pendant la nuit.

Nous avons dit que beaucoup de chenilles cherchent un abri contre le froid et l'humidité; il en
est d'autres qui redoutent les rayons du soleil et
qui, durant les fortes chaleurs, se réfugient dans
la terre, sous des pierres, etc., et y restent engourdies jusqu'à ce qu'une température plus douce
leur permette de quitter ces retraites.

A part quelques exceptions que nous aurons
soin de mentionner dans la description des espèces, les chenilles sont généralement peu propres à

se défendre contre les attaques de leurs ennemis; aussi le plus grand nombre devient-il la proie des oiseaux et même d'autres insectes, tels que les Calosomes, par exemple, dont les larves ravagent les nids des Processionnaires. Quelques espèces essayent de fuir lorsqu'on veut s'en emparer; d'autres semblent vouloir se défendre en agitant leur corps et prenant des attitudes menaçantes; les espèces velues se roulent en anneaux et restent immobiles; mais la plupart se laissent prendre sans opposer d'autre résistance qu'en se cramponnant de toutes leurs forces aux plantes sur lesquelles elles sont posées. Certaines Arpenteuses se laissent prestement tomber dès qu'elles sont in-. quiétées; mais cette chute s'opère sans accident, la chenille ayant toujours à sa portée un fil de soie attaché à une branche et dont elle tient l'autre bout. Le danger passé, elle remonte à l'aide du même fil, qu'elle attire à elle au fur et à mesure qu'elle exécute son ascension, et, celle-ci terminée, la chenille se débarrasse du paquet de fil attaché à ses pattes, et le met en réserve pour s'en servir au besoin.

Ainsi que nous l'avons dit en commençant, cha-

que espèce de chenille s'attache généralement à
une espèce de plante ; et cela est si vrai, dit M. Fairmaire, que certains genres ou groupes de papillons correspondent à tel genre ou à telle famille
végétale ; d'un autre côté, il est probable qu'il
n'existe pas de plantes à l'abri des attaques des insectes dans leur terre natale ; mais, quand elles
sont transportées dans un pays étranger, elles ne
servent de nourriture à aucune chenille, à moins
toutefois qu'elles n'aient une grande analogie avec
les espèces indigènes de ce pays. Ainsi nous voyons
l'acacia, le platane, le tulipier, le magnolia, le
marronnier d'Inde, le mûrier, etc., n'éprouver
aucun dommage de la part de nos insectes ; mais
il n'en est pas de même pour les saules et les peupliers de l'Amérique du Nord, qui trouvent en
Europe des parents beaucoup trop proches et dont
ils sont forcés de partager les dangers. Les chenilles des Hadènes, qui ne vivent guère que sur les
plantes potagères ou divers autres végétaux cultivés par l'homme, ont toutes une plante de prédilection. Ainsi l'*Hadena brassicæ* détruit nos choux ;
l'*H. genistæ*, le genêt ; l'*H. pisi*, les pois, etc.
D'après ce rapport intime qu'il y a entre les che-

nilles et les végétaux dont elles se nourrissent, on voit combien il est utile de connaître l'histoire complète de chaque insecte, et surtout son genre de vie; car cela une fois connu, on peut chercher à remédier au mal que nous font souvent les insectes. C'est encore une preuve que l'entomologie, dans toute l'extension que l'on doit donner à ce mot, n'est pas, comme on se plaît si souvent à le répéter à tort, une science isolée et purement propre à l'amusement de celui qui la cultive ; au contraire, l'entomologie a de nombreux rapports avec diverses branches des sciences naturelles, avec la zoologie générale dont elle fait partie, avec la botanique, l'agriculture, et, dans de nombreux cas, avec l'industrie.

Pour en finir avec l'alimentation des chenilles, disons qu'il en est cependant qui s'occupent peu des différences botaniques entre les plantes qui sont l'objet de leur gloutonnerie; la même espèce vit sur vingt arbres différents. Telle est, par exemple, la chenille de la *Livrée*, qui dévore indifféremment tous les arbres fruitiers et forestiers. Le même arbre nourrit quelquefois plus de cinquante espèces différentes de chenilles. Les plantes les

plus âcres et les plus vénéneuses ne sont pas plus
épargnées que les autres ; les euphorbes, les aco-
nits leur servent de pâture ; les orties, si désa-
gréables pour notre peau, nourrissent plusieurs
variétés de chenilles roses, dont l'épiderme paraît
extrêmement tendre, et dont le palais, et l'œso-
phage doivent être fort délicats.

Mais, si voraces que soient les chenilles, leur
vie n'est point cependant un repas continuel ; leur
festin, souvent onéreux pour nos récoltes, est plusieurs fois interrompu par des changements de
toilette imposés par la nature, changements qui
sont toujours douloureux pour l'insecte, quand ils
n'ont pas un résultat fatal.

Quelque temps avant l'accomplissement de ce
curieux phénomène, une notable diminution d'a-
pétit se manifeste chez la chenille, qui cesse complétement de manger ; elle tombe dans une sorte
de somnolence, se traîne péniblement et cherche à
se cacher. Bientôt les contorsions de son corps
témoignent suffisamment du malaise qu'elle
éprouve sous sa vieille peau, qui, bien que formée
d'une substance assez élastique, est devenue
promptement trop étroite et trop tendue pour un

être qui grandit aussi rapidement. Il faut donc en sortir, mais là est le difficile, car un pareil vêtement ne se déboutonne pas. Cependant, à force de se démener dans tous les sens, l'insecte finit par faire craquer son enveloppe dans le dos; puis, par de patients efforts, à s'en dégager complètement. Alors apparaît le nouveau costume, assez analogue au premier, mais jamais tout à fait semblable. Véritable élégant, le Lépidoptère a une toilette pour chaque époque de sa vie, conservant la plus belle pour la montrer en dernier.

Ce changement de toilette, la *mue*, comme on l'appelle, est répété trois fois au moins dans le cours de l'existeuce de l'animal, mais, plus généralement, cinq et même six fois. Et à chacune de ces époques critiques, non-seulement l'enveloppe extérieure, mais, ce qui est plus merveilleux encore, la paroi interne de l'intestin et des plus grandes trachées est aussi renouvelée.

Aussitôt après chaque mue, la chenille rattrape le temps perdu en recommençant à manger de plus belle, rompant même souvent le jeûne en dévorant l'enveloppe qu'elle vient de quitter, bizarrerie qui surprend moins quand on se rappelle que cette même larve fait d'ordinaire son entrée dans la vie en dévorant la coquille de l'œuf qui la renfermait.

**CHRYSALIDES.** — Lorsque la chenille a passé par toutes ses mues et acquis tout son développement, il lui reste encore à subir une transformation importante et indispensable avant celle qui doit enfin en faire un papillon. Pour que cet être lourd et rampant devienne un animal vif, léger, élégant, il faut qu'il passe par un état nouveau, celui de nymphe, dans lequel il n'aura plus même le mouvement et, sous cette forme, inerte momie, incapable de fuir, il va être exposé sans défense aux attaques de ses nombreux ennemis.

Les nymphes des Lépidoptères sont généralement désignées sous le nom de *chrysalides* (du grec χρυσος, or), par allusion au brillant éclat de la peau chez plusieurs espèces, telles que les Vanesses et autres papillons de jour. C'est pour la même raison que, dans quelques anciens ouvrages d'entomologie, on leur donne le nom d'*aurélies* (du latin *aurum*, or). La nymphe du papillon est comme emmaillottée, c'est-à-dire que l'insecte est enveloppé d'une membrane qui le cache entièrement ; de là le nom de *pupa* (poupon) qui lui a été donné également. Réaumur a décrit avec détail les moyens compliqués par lesquels les chenilles se transforment en chrysalides. Nous renvoyons aux Mémoires de cet éminent naturaliste ceux de nos lecteurs qui voudraient avoir une idée complète du travail de la chenille en cette circonstance, ou, mieux encore, nous leur conseillerons d'observer eux-mêmes ce travail. Ils n'auront pour cela qu'à se procurer des chenilles de diverses espèces et à les nourrir jusqu'au moment de leur transformation. Lorsqu'elles auront acquis leur maximum de développement, il sera toujours possible, en les guettant attentivement, d'en surprendre quelques-unes opérant cette curieuse transformation.

Quelque temps avant de se chrysalider, la chenille cesse de manger ; elle perd ses couleurs et devient terne et livide ; elle se raccourcit, et ses appendices, si elle en a, disparaissent complétement. Elle quitte alors son nid ou la plante qui l'a nourrie, et cherche un endroit écarté, sûr et tranquille, où elle pourra se métamorphoser. Ce lieu diffère selon les espèces : tantôt c'est le dessous d'une branche d'arbre ou d'un toit, ou la saillie d'une pierre exposée au midi ; tantôt c'est dans des creux d'arbres ou dans les sillons des écorces; d'autres fois, c'est à la surface du sol ou même dans la terre qu'elles opèrent cette transformation.

Les chrysalides sont tantôt nues, tantôt entourées d'une coque. Ces différences, qui sont les principales, peuvent servir à déterminer la division à laquelle elles appartiennent. Les premières sont anguleuses et souvent couvertes de pointes dans toute leur longueur. Les unes sont attachées et suspendues verticalement la tête en bas; d'autres ont de plus un lien qui les retient par le milieu du corps. Tous les papillons de jour ont leurs chrysalides complétement nues ou seulement entourées de quelques fils de soie qui servent à maintenir une enveloppe de feuilles. Celles de la plupart des Lépidoptères dits crépusculaires sont également nues, mais elles sont cachées en terre ou dans des trous obscurs.

Les chrysalides enfermées dans des coques ou cocons ne donnent que des papillons nocturnes ; leurs formes sont plus simples et moins variées; mais les cocons présentent des différences sensibles dans leur mode de fabrication. Les uns sont entièrement tissés en soie ; dans d'autres, cette substance n'entre que pour une partie dans leur confection, selon que les chenilles en sont plus ou moins pourvues. Certaines espèces assujettissent autour d'elles des feuilles ou d'autres matériaux au moyen de fils plus ou moins nombreux, et tapissent l'intérieur de cette coque d'une couche soyeuse. D'autres se contentent de plier les feuilles des plantes et d'en former une coque assez irrégulière, au milieu de laquelle elles se chrysalident. Beaucoup de chenilles velues doublent leur cocon avec les poils qui les recouvrent. Parmi celles qui s'enfoncent dans le sol pour se transformer, il en est qui forment leur réduit en terre bien pétrie et délayée avec une liqueur particulière qu'elles dégorgent.

Toutes ces chrysalides présentent des différences de coloration qu'il est utile d'observer. Celles des Papillons nocturnes sont noires, brunes ou d'un rouge foncé ; celles des diurnes ont des teintes plus claires et sont quelquefois ornées de tons métalliques très-brillants. Enfin, celles des crépusculaires, moins obscures que celles des nocturnes, sont grisâtres ou d'un brun clair.

Après s'être débarrassée de la peau de chenille qui la recouvrait, la chrysalide est d'abord molle et livide ; mais, après quelques heures, elle se durcit et prend couleur. Sa peau est assez mince pour que l'on aperçoive les organes extérieurs du futur Papillon, disposés d'une façon régulière. Les antennes, très-visibles, sont ordinairement repliés le long des pattes, et, au milieu de celles-ci, on distingue la trompe déroulée et formant une ligne droite. Les ailes sont repliées de chaque côté du corps, où l'on remarque en outre les stigmates, c'est-à-dire les ouvertures des trachées.

La chrysalide supporte parfaitement la température de nos hivers, même les plus rigoureux, tandis qu'il suffirait d'une simple gelée pour tuer un papillon. A l'état de nymphe, elle peut geler, devenir dure comme la glace, sans paraître souffrir de la violence du froid. Quand le temps se radoucit elle dégèle, et, au printemps, elle deviendra papillon, comme si aucun accident ne lui était arrivé.

Quant au temps passé à l'état de chrysalide, il varie beaucoup, selon les espèces, et peut d'ailleurs être plus ou moins long, suivant l'époque de l'année. En été, quelques jours suffisent pour les petites espèces qui éclosent toujours plus vite que les grandes. Les chrysalides, formées en automne, ne se transforment qu'au printemps suivant. Des expériences ont prouvé que, si la nymphe est placée dans une glacière, sa métamorphose peut être retardée de deux ou trois ans au delà de la limite ordinaire, et que si, au contraire, durant l'hiver, la nymphe est portée dans un lieu suffisamment chauffé, le papillon se montre au bout de dix ou quinze jours.

**PAPILLON** ou **INSECTE PARFAIT**. — Nous voici arrivés à la dernière métamorphose de l'insecte, qui va enfin se révéler sous son plus brillant aspect. Déjà quelque temps avant cette transformation définitive, un changement très-sensible se manifeste à l'extérieur de la chrysalide, dont l'enveloppe devient sèche, friable, et prend souvent une teinte plus foncée, tout en laissant apercevoir, par sa demi-transparence, le dessin des ailes, qui se distingue très-nettement chez certaines espèces aux nuances vives.

Enfin, l'heure de la délivrance a sonné. Par de brusques mouvements de tête, l'insecte, réveillé

de sa torpeur, déchire dans le dos la frêle enveloppe qui le tenait emprisonné, et désormais libre,
mais encore un peu engourdi, il se traîne jusqu'à
quelque endroit commode pour se sécher et étendre ses ailes.

Chez les espèces à cocon soyeux, c'est également
à l'aide de la tête que le papillon se fraye un passage au milieu du tissu protecteur, dont il écarte
ou brise, même, au besoin, les fils. Aussi, les cocons de *vers à soie* dont on a laissé sortir le bombyx n'ont-ils presque plus de valeur, la soie en
étant rompue et gâtée, et voilà pourquoi on a toujours le soin d'étouffer dans l'eau bouillante les
chrysalides des cocons destinés au dévidage.

L'insecte perce de même, sans grande difficulté,
les cocons protégés et consolidés par des feuilles
d'arbres ou autres matériaux friables. Mais chez
quelques espèces de Sphinx, l'enveloppe soyeuse
présente une telle solidité, que le papillon ne pourrait jamais en sortir, si la prévoyante chenille
n'avait eu le soin d'y ménager une issue pendant
le travail du tissage. Si vous fendez longitudinalement avec des ciseaux un cocon de *Grand-Paon*,
vous apercevez facilement, à son extrémité la plus

pointue, cette ouverture, dont nous aurons occasion de reparler plus loin.

C'est encore avec leur tête un peu, anguleuse, que les papillons, qui sortent des cocons hypogés, écartent la terre devant eux et s'ouvrent une route pour revenir à la surface du sol, toujours par le chemin le plus court.

Au sortir de la chrysalide, tous les organes du papillon sont mous et humides; mais au contact de l'air, ils deviennent promptement fermes et solides. Les ailes, d'abord toutes repliées et ne présentant guère qu'un vingtième de leurs dimensions réelles, absorbent rapidement par leurs nervures les fluides du corps, et telle est la rapidité de leur développement, qu'on peut dire sans exagération qu'elles s'élargissent à vue d'œil.

Chez les espèces les plus richement colorées, c'est un spectacle merveilleux que d'assister à ce déploiement des ailes, et de voir les diverses figures qui les ornent grandir sous le regard et se développer graduellement jusqu'à ce qu'elles aient atteint leurs véritables dimensions.

Presque toujours, vous verrez alors le papillon se placer dans une position horizontale et renversée, afin que les ailes s'étendent par leur propre poids et ne conservent pas de faux plis en se séchant, ce qui peut arriver quand, emprisonné sous une cloche de verre, par exemple, dont la paroi est glissante, l'insecte ne parvient pas à se suspendre convenablement, malgré des efforts réitérés qui dénotent son anxiété.

Généralement, au bout d'une heure, le développement est complet, et les ailes ayant acquis toute leur consistance, le papillon s'élance joyeusement dans les airs.

Mais toutes les chrysalides n'arrivent pas jusqu'à cette heureuse période. Souvent, vous avez récolté et conservé soigneusement une chenille qui semblait en parfait état de santé ; depuis longtemps déjà elle s'est transformée en chrysalide, et vous guettez impatiemment l'apparition du papillon, regardant chaque matin dans votre boîte, avec l'espoir d'y surprendre l'élégant à sa toilette : quelle n'est pas votre stupéfaction en trouvant, un jour, la place occupée par un essaim d'affreux moucherons noirs ! D'où viennent-ils ? et pourquoi la chrysalide, sur laquelle vous fondiez de si belles espérances, n'est-elle plus qu'une coque vide ? Ne cherchez pas plus longtemps, votre brillant papillon a tout simplement été dévoré avant sa naissance par la troupe ténébreuse qui vient de s'envoler.

Voici ce qui s'est passé. La chenille n'était pas encore en votre possession, elle n'avait peut-être pas même fait sa première mue, que déjà son sort était fixé. Un mortel ennemi de sa race l'avait choisie pour victime. Cet ennemi implacable, c'est un moucheron noir, semblable à ceux que vous connaissez trop bien, c'est l'Ichneumon. Toujours en éveil, la femelle de ce petit insecte voltige constamment autour des chenilles, épiant l'instant favorable ; soudain elle fond sur l'une d'elles, lui enfonce profondément dans le corps sa longue tarière, et dépose un œuf au fond de la blessure. La chenille tressaille un peu sous cette atteinte, mais ne paraît pas s'en préoccuper davantage. Cependant son ennemie répète ses attaques jusqu'à ce qu'elle ait déposé trente ou quarante œufs, véritables germes de destruction. Bientôt, en effet, ces œufs produisent des larves qui commencent à dévorer les muscles de la malheureuse chenille, mais en ayant soin de conserver intacts les or-

ganes indispensables à l'existence de leur victime, qu'ils laissent ainsi vivre pour continuer à
leur fournir la pâture, comme les usuriers ména-
gent le crédit de leurs débiteurs tant qu'ils peuvent
en tirer quelque chose.

Rarement là chenille meurt avant de se transformer en chrysalide ; mais jamais elle ne devient
papillon, ses parasites l'ayant dévorée sans lui en
laisser le temps. Ceux-ci passent alors à l'état de
nymphes dans la peau vide, d'où ils sortent insectes parfaits, comme on vient de le voir.

Si le développement progressif du papillon est
merveilleux, sa structure à l'état parfait n'est pas
moins remarquable. Examinons en détail ses diverses parties.

Commençons par la TÊTE. Celle-ci, de même
que le reste du corps, est toujours couverte de poils
plus ou moins longs, et de nature écailleuse.
Comme chez la plupart des insectes, les *yeux* sont
gros, saillants, ronds en apparence, mais présentent une multitude de facettes hexagonales qui
remplissent les fonctions de lentilles. Plus de dix-
sept mille de ces facettes ont été comptées sur un seul
œil, et chacune d'elles est considérée comme possé-

dant les qualités d'un œil complet et indépendant. Les papillons nocturnes ont, en outre, à la partie supérieure de la tête, deux yeux lisses, dits *stemmates*, qui sont très-petits et difficiles à apercevoir sous les poils.

La *spiritrompe*, désignée aussi quelquefois sous les noms de suçoir, langue, trompe, etc., est l'instrument au moyen duquel l'insecte soutire le miel des fleurs, sa nourriture habituelle. Cet organe est formé de deux pièces demi-cylindriques, creusées en gouttières et juxtaposées, qui ne sont que les mâchoires transformées : nouvel exemple de l'unité de plan de la nature, qui, en conservant les mêmes organes chez tous les animaux, ne fait que les modifier suivant les conditions d'existence. La réunion des deux surfaces canaliculées se fait au moyen de cils nombreux, qui s'enchevêtrent étroitement comme les crins de deux brosses placées l'une sur l'autre.

La spiritrompe varie de dimensions selon les espèces ; très-longue chez les Sphinx, elle leur permet de puiser leur nourriture sans se poser sur les fleurs ; beaucoup plus courte chez certains papillons de nuit, elle est même presque nulle chez les mâles de plusieurs espèces qui ne vivent, pour ainsi dire, que quelques instants à l'état d'insecte parfait; mais l'organe existe chez leurs femelles, qui, destinées à une existence plus longue, à cause de la ponte, doivent avoir les moyens de se nourrir pour satisfaire à cette loi de la nature.

Dans l'inaction, la trompe est roulée en spirale, comme un ressort de montre, et placée entre les deux palpes labiaux ou antennules de l'insecte qui la garantissent de chaque côté.

N'oublions pas de dire qu'à l'extrémité de cette trompe, on voit chez quelques papillons un certain nombre de petits mamelons qui paraissent être les organes du goût.

Les *mandibules* et même les *lèvres* de la chenille se retrouvent chez le papillon, mais atrophiées et disparaissant en partie sous le duvet écailleux de la tête. Quant aux *palpes*, qui existent également chez le papillon, ils sont presque toujours velus, aplatis, et formés de deux ou trois articles, dont le dernier est souvent très-mince. Dans quelques espèces nocturnes, ces palpes, qui offrent un développement exceptionnel, sont terminés par une sorte d'épine et couverts de longs poils disposés quelquefois par bouquets.

Les *antennes*, insérées au-dessus des yeux, sont toujours tubulaires et composées d'un grand nombre d'articles. Bien que variant de formes à l'infini, elles n'en présentent pas moins certains caractères généraux et constants chez les divers groupes naturels de Lépidoptères. Ainsi, chez les papillons diurnes, elles sont toujours très-longues, filiformes et terminées par un renflement en massue, en fuseau ou en bouton (1) ; chez les nocturnes, au contraire, elles sont plumeuses ou *pectinées* (c'est-à-dire garnies de chaque côté de petites dents analogues à celles d'un peigne, en latin *pecten*), ou bien encore simples, mais toujours atténuées à leur extrémité; enfin les crépusculaires offrent généralement des types intermédiaires : les Sphinx, par exemple, les ont prismatiques et souvent terminées par un petit crochet recourbé ; les Zigènes les ont en forme de cornes de bélier, etc. (2).

(1) De là le nom de *Rhopalocères* (ροπαλον, *massue;* κερας, *cornes, antennes*), sous lequel on désigne généralement les papillons de jour.

(2) C'est en raison de ces différentes formes d'antennes

Les fonctions des antennes sont encore à peu près inconnues, malgré les nombreuses et patientes recherches dont elles ont été l'objet. Toutefois, il paraît vraisemblable que ces gracieux appendices sont les organes d'un sens important, qui, pour la plupart des entomologistes français, ne serait autre chose que l'odorat, mais que beaucoup de naturalistes anglais et allemands regardent comme une faculté particulière aux insectes, et dont il nous est aussi difficile de nous faire une idée exacte qu'à un aveugle de concevoir ce que c'est que la vue. Il s'agit de ce mystérieux instinct qui révèle à ces animaux l'existence d'un individu de leur espèce à des distances quelquefois considérables. Si vous enfermez, par exemple, dans une boîte, une femelle de *Bombyx Tau*, éclose (c'est-à-dire sortie de sa chrysalide) chez vous, et que vous alliez la déposer au milieu des bois habituellement fréquentés par cette espèce, vous ne tarderez pas à voir de nombreux mâles voltiger autour de la boîte et même se poser dessus. Sans cette attraction magi-

observées chez les crépusculaires et les nocturnes que l'on comprend les deux groupes sous le nom commun d'*Hétérocères* (ἕτερος, *variable*; κερας, *corne*).

que, vous pourriez parcourir les mêmes bois toute une journée peut-être sans voir un seul *Tau*, ce bombyx passant pour très-difficile à trouver, tandis qu'on a vu prendre jusqu'à cent vingt individus mâles, en l'espace de quelques heures, grâce aux charmes de deux femelles.

Les antennes ne seraient-elles pas le siége du sens qui guide ces insectes ? Ce qu'il y a de certain, c'est qu'elles présentent chez eux un développement exceptionnel, fait qui semble indiquer quelque connexion entre ces organes et la faculté que possède l'animal de reconnaître la présence et même l'état d'un de ses semblables à plus d'un kilomètre de distance, peut-être, et alors qu'il en est séparé en outre par les parois d'une boîte.

Un entomologiste américain, M. le docteur Clemmens, qui s'est livré à des recherches expérimentales sur les antennes de quelques grandes phalènes d'Amérique, a reconnu que l'ablation de la totalité ou d'une partie de ces appendices met l'insecte dans l'impossibilité de voler. Abandonné à lui-même, il fait quelques efforts pour se servir de ses ailes, puis finit par tomber lourdement à terre, la tête la première. Cette observation prouve simplement que les antennes sont les instruments d'un sens important dont l'usage est de guider le vol de l'insecte ; mais comme beaucoup d'insectes aptères sont pourvus d'antennes, il est certain que telle n'est pas la seule fonction de ces appendices.

Le THORAX, OU CORSELET, dont nous allons nous occuper maintenant, est toujours arrondi, presque globuleux, et couvert de poils souvent disposés en crêtes ou en touffes, sous lesquelles disparaissent les *stigmates*. Il en est de même pour l'abdomen, où l'orifice des trachées ne se reconnait que très-difficilement.

Les *ailes*, toujours au nombre de quatre, sont insérées de chaque côté du corselet ; les deux supérieures, ainsi nommées parce qu'elles recouvrent en partie les autres, sont généralement à peu près triangulaires, tandis que les deux inférieures sont plus arrondies. Leurs formes varient du reste considérablement, comme nous aurons occasion de le faire remarquer dans la description des espèces, et, chez un grand nombre de papillons, les ailes inférieures sont extrêmement découpées ou au moins anguleuses, comme, par exemple, chez tous ceux qui proviennent de chenilles épineuses ; chez d'autres, elles se terminent par une ou plusieurs longues queues, etc.

A la base de chacune des ailes supérieures, on remarque, principalement chez les espèces nocturnes, une petite pièce écailleuse, ronde et velue, qui ressemble à une épaulette, et dont le rôle paraît être de protéger l'articulation de l'aile.

N'oublions pas de signaler un caractère très-remarquable particulier aux lépidoptères crépusculaires et nocturnes ; ces insectes ont près de la naissance de l'aile intérieure une soie roide en forme d'épine ou de crin nommé *retinaculum*, qui passe comme une sorte d'agrafe dans un anneau membraneux du dessous de l'aile supérieure. Pendant le vol, le crin sort de l'anneau et laisse toute liberté d'action aux ailes ; mais, pendant le repos, il les maintient dans une position horizontale ou inclinée. Chez les papillons diurnes, au contraire, les ailes étant toujours complétement libres, sont relevées et appliquées l'une contre l'autre lorsque l'insecte est posé (1).

(1) De là le nom d'*Achalinoptères* (ἀχάλινος, *sans frein*; πτερον, *aile*), donné aux rhopalocères, ou papillons de jour,

Ceci nous amène à dire quelques mots du port des ailes, qui varie beaucoup chez les nombreux genres de papillons nocturnes. Tandis que les Teignes et quelques autres ont ordinairement ces organes roulés autour du corps, les Bombyx les portent très-horizontalement et de façon qu'elles ne se recouvrent pour ainsi dire pas ; d'autres espèces les tiennent rabattues de chaque côté de l'abdomen, en forme de toit plus ou moins aigu ; d'autres, enfin, qui ont les ailes supérieures arrondies à leur base et coupées carrément à leur extrémité, les portent croisées et couchées de telle sorte l'une sur l'autre, qu'elles semblent revêtues d'une chape. Mentionnons, en passant, une anomalie très-singulière observée chez les femelles de certains papillons nocturnes qui ont les ailes complétement atrophiées. Lourdes et presque incapables de se remuer, ces femelles ne quittent même pas leur cocon, qui est d'un tissu très-lâche du reste ; elles ne font simplement sortir que l'extrémité de leur corps, et accomplissent la ponte dans cette position.

par quelques entomologistes, qui désignent sous celui de *Chalinoptères* (χαλινός, *frein*; πτερον, *aile*) tous les papillons hétérocères.

C'est ici l'occasion de rappeler combien le vol des lépidoptères diffère de celui des oiseaux, dont il n'a ni la grâce ni la régularité. Il procède ordinairement par zigzags et semble toujours indécis ; ce qui tient sans doute à l'inégalité des ailes et à leur grand développement, qui offre une très-grande prise au vent. Aussi les Sphinx, dont les ailes sont aiguës, volent-ils plus facilement que les autres, et le battement de leurs ailes est même assez rapide pour produire un bourdonnement analogue à celui que font entendre plusieurs gros insectes ailés.

Occupons-nous maintenant de la texture même des ailes des papillons. Ces organes sont formés d'une double membrane transparente, soutenue par de nombreuses nervures fistuleuses qui servent en outre à la circulation du sang et des autres fluides vitaux. Cette membrane disparaît complétement sous une sorte de duvet poudreux couvrant ses deux faces, et présentant au microscope l'aspect d'une multitude prodigieuse d'écailles régulières implantées par un pédicule dans autant de petits tuyaux qui font corps avec la membrane. Ces écailles, auxquelles les ailes doivent tous leurs dessins et leurs couleurs, sont disposées par rangs et imbriquées comme les tuiles d'un toit. Généralement, elles sont plus grandes chez les Hétérocères que chez les Rhopalocères; mais leurs dimensions, comme leurs formes, varient considérablement d'espèce à espèce, et même selon la partie de l'aile qu'elles occupent : il y en a d'ovales, de triangulaires, d'allongées et rétrécies vers le pédicule ; d'autres affectent la figure d'une raquette ; mais presque toujours elles sont coupées carrément et dentelées à leur extrémité.

Une forte loupe suffit pour apprécier jusqu'à un certain point la riche ornementation fournie par ces écailles; mais, seul, un bon microscope permet d'admirer en détail les charmantes combinaisons de lignes formées par leurs découpures et les effets de coloration splendides produits par leurs mille nuances, qui tantôt se fondent dans une suave harmonie, tantôt se font valoir par de hardis contrastes. C'est une irisation de lumière, un chatoiement de couleurs dont les pierres précieuses peuvent seules donner une idée, et cela non-seulement chez les beaux papillons, mais encore chez les espèces aux teintes obscures, comme les Teignes, par

exemple. On en trouve l'explication dans les délicates rayures de la surface des écailles, qui décom-
posent les rayons lumineux un peu à la façon du
prisme et produisent l'effet de la nacre. Si minces
que soient du reste ces mêmes écailles, elles n'en
présentent pas moins une organisation assez com-
plexe ; au moyen de puissants microscopes, on a pu
reconnaître dans leur substance trois couches
distinctes : deux formant tégument et une centrale, traversée par de nombreuses trachées qui la
rendent perméable à l'air.

Tous les lépidoptères indistinctement sont pourvus d'écailles ; c'est là même, on s'en souvient,
leur principal caractère distinctif. Toutefois, dans
la description des espèces, nous aurons occasion
d'en citer plusieurs, notamment celles appartenant au genre *Sésia*, où les écailles sont si petites
et si peu nombreuses que la membrane de l'aile
conserve une grande transparence. Souvent le
moindre frottement suffit pour séparer ces minces
organes de leur point d'attache ; chez les Macroglosses à ailes vitrées, ils adhèrent même si peu
au centre de l'aile, qu'il suffit du vol de l'insecte
pour les détacher. Mais dans les espèces noctur-

nes, les écailles sont généralement plus résis-
tantes.

Nous avons dit que les ailes des papillons, au
moins les supérieures, sont toujours à peu près
triangulaires. Elles présentent donc trois angles
principaux et trois côtés ou bords (1). L'angle servant de point d'attache avec le thorax se nomme
la base de l'aile ; le bord qui lui est opposé et vers
lequel se dirigent les nervures est le bord extérieur
ou marginal ; quant au bord qui est en avant, on
le désigne sous le nom de *côte* ou de bord antérieur ; enfin, on appelle bord interne ou postérieur
celui qui lui est opposé. Dans l'aile inférieure il
porte le nom de bord abdominal (2).

L'angle formé par le bord antérieur et le bord

(1) Beaucoup de nos lecteurs trouveront peut-être singulièrement arides quelques-uns des détails qui vont suivre.
Mais, malgré le peu d'intérêt qu'ils offrent en apparence,
nous avons cru devoir les donner pour faciliter et abréger la
description des espèces que nous avons à faire plus loin.

(2) Dans plusieurs groupes de papillons diurnes, le bord
interne (ou abdominal) des deux ailes inférieures est courbé
en gouttière, de manière à former une sorte de canal propre à recevoir et à garantir l'abdomen, qu'elles cachent
plus ou moins complétement lorsqu'elles sont relevées dans
le repos.

marginal s'appelle le sommet de l'aile, ou angle apical, et celui qui est formé par le bord interne et le bord marginal se nomme l'angle interne. Dans l'aile inférieure, on le nomme angle anal.

Quatre nervures, dites principales ou primitives, partent de la base de l'aile et se ramifient pour former des nervures secondaires en nombre variable. La première, — en commençant par le bord antérieur, — s'appelle nervure costale. Celle qui suit est la sous-costale; elle se confond souvent avec la première. Vient ensuite la médiane, la plus ramifiée de toutes, et qui laisse entre elle et les deux précédentes un assez grand espace appelé cellule discoïdale (du nom de *disque* que porte le centre de l'aile). Cette cellule est tantôt complétement circonscrite par des nervures : on la dit alors fermée; tantôt elle ne l'est qu'incomplétement : elle est alors dite ouverte. Ce caractère a été utilisé dans la classification. Quant à la quatrième nervure primitive, elle est appelée radicale dans l'aile supérieure, et abdominale dans l'aile inférieure. Disons, enfin, qu'on appelle cellules, ou plus exactement espaces internervuraux, les espaces compris entre les nervures.

De même que les ailes, les *pattes* sont attachées au corselet, la première paire très-près de la tête, et les deux autres à la partie postérieure. Comme chez les autres insectes, ces pattes se composent : de la *hanche*, servant d'attache avec le corselet; de la *cuisse*, qui est d'une seule pièce et tenue horizontalement; de la *jambe*, également d'une seule pièce, mais placée verticalement; enfin, du *tarse* ou doigt, formé des phalanges ou articles, et terminé par un double crochet qui sert à la préhension.

Chez la grande majorité des papillons, les six pattes sont de même longueur et propres à la marche; mais, dans plusieurs groupes, les deux pattes antérieures sont beaucoup plus courtes que les autres et cachées presque complétement sous les poils du corselet; quelquefois alors, ces mêmes pattes, couvertes d'un duvet très-long, sont appliquées contre le cou, où elles forment une sorte de palatine : de là le nom de *pattes en palatine* sous lequel on les désigne. Parmi les espèces diurnes, celles dont les chenilles sont épineuses, et dont les chrysalides sont simplement suspendues par la queue, ne présentent pour la plupart que quatre pattes bien conformées : tels sont les Satyres, les Vanesses, etc., où l'avortement a lieu chez les deux sexes, et les Lybithées, où il ne se remarque que chez les mâles. Quant aux papillons qui sortent des chrysalides suspendues par une ceinture de soie, ils ont, au contraire, leurs six pattes complètes ; un seul groupe fait exception, celui des Erycines, dont les mâles n'ont que quatre pattes ambulatoires, comme les Lybithées.

L'ABDOMEN, composé de six ou sept anneaux, s'attache au thorax par une très-petite partie de son diamètre. Bien qu'offrant toujours beaucoup plus de longueur que le corselet, il n'en est pas moins très-souvent gros et renflé, principalement chez les femelles, à cause des œufs qu'il renferme. Nous ferons remarquer, d'ailleurs, que chez les espèces crépusculaires ou nocturnes, le corps de l'insecte est toujours plus volumineux, proportions gardées, que chez les papillons de jour, et que, dans la presque totalité des lépidoptères, la taille de la femelle est supérieure à celle du mâle. Là ne se borne pas toujours la différence d'aspect entre les deux sexes : assez souvent, les femelles offrent des nuances moins brillantes que les mâles ; quelquefois même les couleurs sont si différentes, qu'elles ont pu induire en erreur plusieurs entomologistes et leur faire regarder comme appartenant à des espèces distinctes les deux sexes du même papillon.


## NOURRITURE

Nous avons dit que le suc mielleux des fleurs est la nourriture habituelle des papillons. Toutefois, certaines espèces, telles que les Apatures, par exemple, préfèrent les liquides sécrétés par les plaies des arbres ; « d'autres même, dit M. Léon Fairmaire, indignes d'appartenir à une famille aussi éthérée, ne rougissent pas de rechercher les excréments de divers animaux et même les cadavres. On voit aussi, dans les chaleurs de l'été, quelques espèces former de véritables attroupements au bord des ruisseaux, des abreuvoirs, dans les chemins humides et fangeux ; enfin, la nombreuse tribu des Noctuelles recherche avec avidité la miellée, qui, à certaines époques de l'année, enduit les feuilles de plusieurs arbres. »

## HYBERNATION

Bien qu'à l'état d'insecte parfait, la vie des Lépidoptères soit, en général, assez courte et que la plupart des papillons meurent avant l'arrivée de la mauvaise saison, plusieurs espèces se réfugient, en automne, soit dans des arbres creux, soit dans des crevasses de murailles, d'où ils sortent dès le commencement du printemps, quelquefois même dans les beaux jours d'hiver. En les voyant ainsi paraître soudain, on serait volontiers tenté de croire que ces papillons viennent tout juste d'éclore, si le manque de fraîcheur de leurs ailes, souvent un peu déchirées et plus ou moins privées de leurs écailles dans certains endroits, n'indiquait clairement qu'ils sortent de quelque étroit réduit.

Un entomologiste anglais, M. Douglas, affirme que ces papillons hybernants sont toujours trèsgras et gorgés de miel au moment où ils prennent leurs quartiers d'hiver, et que, guidés par leur instinct, ils se nourrissent copieusement pendant les derniers beaux jours, afin de pouvoir mieux supporter le long jeûne que va leur imposer la saison rigoureuse.

# INSTRUCTIONS

SUR LA

## CHASSE AUX PAPILLONS

———

Ayant passé en revue les diverses phases de la vie des papillons, que nous avons suivis dans leurs métamorphoses successives, depuis l'état embryonnaire jusqu'à celui d'insecte parfait, il nous reste, avant d'aborder l'étude des espèces, à renseigner nos lecteurs sur les divers petits *secrets de métier* nécessaires pour s'emparer facilement de ces brillantes créatures et pour les conserver le mieux possible. Disons tout d'abord qu'il existe deux méthodes de former des collections : 1° récolter des chenilles et les élever jusqu'à l'accomplissement de leur tranformation dernière ; c'est le moyen d'obtenir les plus beaux échantillons, et de bien étudier les mœurs de l'insecte, la méthode scientifique par excellence, mais aussi celle qui demande le plus de persévérance ; 2° faire tout simplement la chasse aux papillons. Ce procédé a l'inconvénient de fournir parfois des spécimens un peu endommagés par les coups de filet, mais c'est celui qui présente le plus d'attrait pour beaucoup de personnes, et par cela même celui qui est le plus généralement suivi. Aussi est-ce par lui que nous commencerons.

Mais, dira-t-on, comment attraper un papillon qui s'envole dès qu'on l'approche ? Comment suivre son vol capricieux dans les airs ? Cela présente, il est vrai, quelque difficulté ; mais nous pouvons toutefois donner à nos lecteurs l'assurance qu'avec un peu d'habitude, un filet commode et surtout de bonnes jambes, ils parviendront à s'emparer des papillons les plus vifs et les plus rusés, s'ils veulent bien se conformer aux conseils et aux instructions que nous donnons ci-après.

**ENGINS.** — Tout chasseur de papillons doit, avant tout, se munir d'engins bien établis : un filet trop lourd, une boîte qui ferme mal peuvent souvent compromettre gravement le résultat de la chasse. Ces engins sont :

1° Le *filet à papillons*, qui doit être à la fois léger, pour être manié vivement, et assez solide pour résister aux mouvements brusques. C'est une poche en crêpe lisse de soie, de trente centimètres de diamètre, profonde de cinquante centimètres, et montée, au moyen d'un ruban formant coulisse, sur un cercle en fil de fer. Choisissez-le toujours de couleur verte, il sera moins remarqué par les papillons. Quant au cercle, il est bon qu'il puisse se plier en deux au moyen de brisures, pour être transporté plus aisément. On le visse à l'extrémité d'un manche en bambou, muni d'une douille en cuivre.

2° Le *maillet* est une petite masse en bois servant à frapper les arbres pour en faire tomber les chenilles et les papillons nocturnes qui y restent immobiles pendant le jour. Afin qu'il soit suffisamment lourd sans être trop volumineux, on l'entoure généralement de plomb (un kilog. environ), et on le recouvre ensuite de liége et d'un cuir épais, pour amortir les coups. Sans cette précaution, on s'exposerait à endommager les arbres.

3° La *boîte de chasse*, qui est en fer-blanc, se ferme au moyen d'un couvercle à charnière. La forme et les dimensions en peuvent varier suivant le goût du chasseur; mais il faut qu'elle ait au moins cinq centimètres de hauteur. Les côtés seront toujours munis de deux tenons dans lesquels passe une courroie qui permet de la porter en bandoulière. Le fond est garni d'une épaisse feuille de liége qui sert à y fixer les papillons au moyen d'épingles. Nous conseillons de coller sur le bout du couvercle un petit morceau de liége, où l'on peut au besoin piquer provisoirement l'insecte que l'on vient de capturer; et avoir ainsi les mains libres pour ouvrir la boîte.

4° Les *épingles,* longues de trente-cinq millimètres environ, sont en laiton étamé. On en trouve de neuf ou dix grosseurs, ou numéros, chez les marchands d'ustensiles de chasse. Demander autant que possible des épingles allemandes, ce sont les meilleures, et employer de préférence les plus faibles numéros, qui déchirent moins les insectes.

5° La *pelote* sur laquelle on emporte ces épingles est tout simplement formée de deux morceaux de carton ronds, recouverts de soie, et réunis par un ruban qui en fait le tour. Elle se pend généralement à la boutonnière; on a ainsi toujours sous la main les épingles dont on peut avoir besoin.

6° La *boîte pour récolter les chenilles* doit être en carton et de forme ovale, pour se mettre plus facilement dans la poche; quatorze centimètres de long, huit de large et six de haut sont les dimensions les plus convenables. A l'une des extrémités du couvercle, on pratique une ouverture de deux centimètres et demi par laquelle on introduit les chenilles; l'autre extrémité est percée de petits trous pour donner passage à l'air.

Enfin, pour compléter l'attirail du chasseur, il est bon de se procurer : un grand *parasol* de coton blanc ou écru, dont la surface concave est destinée à devenir le réceptacle des chenilles que les coups de maillet font tomber des arbres ; une *nappe*, sur laquelle on secoue les tas de feuilles sèches qu'on amasse au printemps, ou vers le milieu de l'automne, pour y récolter certaines chenilles, telles que celles des Noctuélides; enfin, une petite *bêche* semblable à celles employées par les botanistes dans leurs herborisations, et qui sert à déterrer les chrysalides. Ce dernier instrument est quelquefois remplacé avec avantage par un ustensile *ad hoc*, sorte de cuiller en fer forgé et à bords tranchants : c'est l'*écorçoir*, qui sert, en outre, comme l'indique son nom, à soulever les écorces des arbres et à mettre à jour les chenilles et les chrysalides qui y vivent ou qui y cherchent un refuge.

## OU, QUAND ET COMMENT IL FAUT CHASSER

Il ne suffit pas d'avoir de bons engins de chasse, il faut encore savoir s'en servir. Faisons d'abord observer que le choix du jour, du temps et de l'heure, comme aussi des localités, n'est pas chose indifférente, et que le résultat de la chasse est complétement subordonné à l'observation de ces circonstances. Ainsi, par exemple, les papillons ne voyageant pas quand le temps est frais, si vous partez en expédition lorsque souffle le vent du nord ou du nord-est, il est à peu près certain que vous rentrerez *bredouille*, quelque *giboyeux* que soit d'ordinaire votre territoire de chasse. Ceci ne s'applique, bien entendu, qu'à la chasse aux papillons diurnes, à l'aide du filet et en rase campagne.

Mais il n'en est pas de même pour les espèces nocturnes ou crépusculaires, comme vous allez le voir. Entrez dans les bois et, avec votre maillet, frappez d'un coup sec le tronc des arbres ; soudain vous en verrez tomber diverses espèces de Bombycides et de Noctuélides qui se tiennent appliquées contre les branches ; vous pourrez même prendre à la main les individus qui seront à votre portée contre le tronc des arbres, où ils restent immobiles, endormis ou engourdis par le vent frais. Cette chasse peut encore être pratiquée avec non moins de succès durant les chaudes journées de l'été, à la condition de la faire le matin à la fraîche, sous peine de voir votre gibier s'envoler au loin au lieu de tomber à vos pieds.

La plupart des Sphingides dorment pendant le jour, comme les espèces dont nous venons de parler. Vous les trouverez fixés au bas des plantes, ou contre le tronc et les branches des arbres. Le soir venu, vous pourrez les chasser au crépuscule avec le filet, soit dans les jardins où ils vont butiner sur les fleurs, soit dans les prairies où ils voltigent sur la *sauge des prés*. Il en est de même des Noctuélides, que l'on rencontre aux mêmes heures dans les luzernes et les trèfles en fleur.

Certains Bombyx mâles volent pendant le jour, même à l'ardeur du soleil, tandis que leurs femelles dorment, appliquées contre le tronc des arbres ou cachées sous les feuilles sèches.

C'est dans les lieux ombragés que vous trouverez les Phalènes, en battant les branches des arbres et même les buissons. Beaucoup d'espèces de Phalénides et de Noctuélides ont les habitudes des diurnes, et se prennent, comme ceux-ci, au filet, dans les clairières des bois, ainsi que dans les prairies naturelles ou artificielles.

Si de deux à six heures du soir, vous parcourez les allées des bois, les clairières et autres lieux découverts où croissent les genêts et les bruyères, vous y rencontrerez des Pyralides et des Tinéides. Les mêmes localités sont également fréquentées par les Argynnes, les Mélitées et certaines Hespérides, s'il s'y trouve quelques plantes de leur goût, telles que les bugles.

Dans les jardins vous pourrez faire ample moisson de Piérides, de Sésies, etc. Vous trouverez les Zygènes sur les scabieuses, les chardons des champs et à l'extrémité des hautes herbes.

Les Lycénides et autres papillons diurnes se tiennent pendant la nuit, ou quand le temps est frais, sur les plantes et les fleurs, et se laissent facilement saisir avec les doigts, pourvu que l'on s'y prenne de grand matin.

On voit donc que, selon les espèces que l'on veut se procurer, il n'est pas indifférent de parcourir telle ou telle localité, puisque si certains papillons préfèrent les bois, d'autres ont de la prédilection pour les champs ou les prairies ; s'il en est qui hantent le bord des eaux et les terrains marécageux, comme le *Machaon*, par exemple, il en est d'autres que l'on ne trouve que dans les endroits secs et arides, comme les Satyres. En décrivant les espèces, nous aurons soin d'indiquer le temps, le lieu et l'heure où il convient de les chasser.

L'*Argynnis paphia* (vulgairement Tabac-d'Espagne) a un goût prononcé pour les ronces ; on l'approche facilement et d'un coup de filet le voilà pris; mais il vous arrivera sans doute souvent, comme à bien d'autres, tant que votre main ne sera pas suffisamment exercée, d'accrocher aux épines de la plante la gaze de votre filet, de manière à ne pouvoir le fermer pour emprisonner l'insecte. Or ce dernier sait toujours profiter admirablement de la circonstance et s'envoler insolemment au nez et à la barbe du chasseur, qui le voyait déjà dans sa collection. Le Paon-de-Jour et la Vanesse Atalánte se trouvent souvent sur des chardons et sur la cardère à foulon, jouant de l'éventail, selon leur habitude, avec leurs ailes superbes ; vous les verrez s'élancer dans les airs avec la légèreté qui les caractérise; puis, après quelques évolutions circulaires, redescendre se poser sur leurs plantes favorites, où vous pourrez les capturer avec facilité.

On s'étonne avec raison que certains endroits, assez restreints, soient très-fréquentés par les papillons, tandis que d'autres lieux, voisins de ceux-ci et présentant les mêmes caractères, sont tout à fait dépourvus de ces hôtes ailés. Ce fait prouve que l'amateur ne doit pas laisser inexploré le moindre coin de la localité où il chasse; car l'oubli d'un champ, d'une parcelle de terre aimée par ces insectes, peut faire perdre l'occasion de prendre justement l'espèce que l'on tient à se procurer. Nous conseillons également, lorsqu'il y a abondance de papillons d'une même espèce en apparence, de s'emparer de tous ceux que l'on peut prendre, car il arrive souvent qu'en négligeant cette précaution on laisse passer des espèces ou variétés rares que l'on ne peut reconnaître qu'après les avoir capturées. En effet, qui pourrait discerner au vol les *Argynnis Lathonia* et *Dia*, ainsi que le *Thecla betulæ*, espèces assez rares, des autres papillons bruns très-communs. Il en est de même des beaux papillons *Pieris Daplidice, Colias edusa* et *Colias hyale,* qui pourraient être pris pour des papillons du chou. Enfin, parmi les papillons bleus que l'on voit voler, il serait fort difficile de reconnaître avec certitude le *Polyommate Acis,* espèce fort rare, mais qui le serait moins peut-être si tous les papillons de sa nuance générale, qui fréquentent les mêmes localités, passaient par le filet pour être rendus à la liberté après avoir subi le contrôle.

Quant à l'adresse à déployer dans le maniement du filet, le collectionneur le plus novice saura promptement l'acquérir avec un peu d'exercice. Mais nous recommanderons‘ de dissimuler avec soin l'ombre de cet engin au papillon posé que l'on se propose d'attraper. Si l'insecte est sur une fleur, l'instrument doit être manié vivement de droite à gauche ou de gauche à droite, horizontalement. Dès que le papillon est pris, il faut tourner rapidement la main, afin de l'empêcher de sortir. et, aussitôt qu'il a relevé ses ailes l'une contre l'autre, on saisit avec précaution les côtés de la poitrine entre le pouce et l'index en pressant doucement jusqu'à ce que l'insecte reste sans mouvement. On enfonce alors une épingle sur le milieu du corselet, jusqu'à ce qu'elle sorte entre la deuxième paire de pattes, afin de fixer le papillon sur le liége de la boîte de chasse. Placé de la sorte, il peut être transporté sans subir le moindre dommage.

Le chasseur remarquera bien vite qu'il est inutile de se presser de donner le coup de filet, et qu'il y a plus de chance de réussir par surprise que par trop de précipitation, surtout pour les espèces vives, car, une fois effrayées, elles s'envolent au loin sans songer à se poser de nouveau. Donc il ne faut pas *poursuivre* son papillon, mais le suivre jusqu'à ce qu'il soit posé à bonne portée, et alors, d'un coup vif et bien dirigé, faire en sorte de le prendre. Mais si par malheur on le manque,

il vaut souvent mieux chercher un autre papillon,
car le premier ne se laisserait plus facilement approcher, surtout s'il appartient aux grosses espèces, dont le vol est généralement plus rapide et
plus soutenu. Les petites espèces sont d'ordinaire
moins farouches, et quelques-unes ne s'inquiètent
pas trop de plusieurs attaques successives.

Avec un peu d'adresse, il est possible d'attraper
le papillon au vol, au moyen du filet, s'il passe à
portée; s'il est posé contre un mur, un tronc d'arbre, etc., le coup de filet se donne de bas en haut,
en tournant ensuite vivement la main pour fermer
la poche. Du reste, on apprend vite ces détails pratiques en vivant l'espace d'une saison au milieu de
ce petit peuple ailé.

Un genre de chasse fort usité par les entomologistes du midi de la France consiste, au moment
de la floraison des bruyères, à étendre un drap,
pendant la nuit, au milieu des clairières dont cette
plante forme la végétation. Au centre et aux quatre coins du drap sont disposés des lampions allu-
més. Attirés par cette lumière, beaucoup de Noctuélides viennent voltiger alentour, et on les
prend facilement avec le filet. C'est une méthode

excellente pour se procurer certains espèces rares qu'on chercherait en vain par d'autres moyens. Seulement, fait singulier et jusqu'ici inexpliqué, on ne prend guère que des mâles par ce procédé.

Un autre genre de chasse très-productif, auquel il est aisé de se livrer quand on réside à la campagne, est la chasse à la *miellée*. Cette chasse peut se faire toute l'année, mais c'est surtout pendant les mois de septembre et d'octobre qu'elle produit les meilleurs résultats. Elle consiste à délayer dans de l'eau, du miel, de la mélasse ou autre matière sucrée, et à enduire de cette préparation avec un pinceau, au coucher du soleil, une surface plus ou moins grande sur le corps des arbres dont on a fait choix d'avance. Quand la nuit est arrivée, on vient inspecter avec une lanterne les arbres ainsi préparés, sur lesquels on trouve attablés bonn ombre de Noctuelles et de Géomètres, qui se laissent facilement piquer sur place, et que l'on prend aussi frais que si on les avait élevés. On peut renouveler plusieurs fois sa visite dans la même soirée.

## CHASSE AUX CHENILLES

On sait que si certaines chenilles vivent à découvert sur les plantes dont elles se nourrissent, il en est d'autres qui se cachent pendant le jour et que celles qui fréquentent les arbres élevés n'en descendent que pour se transformer en chrysalides.

Le chêne, l'orme, le peuplier et le bouleau sont les arbres sur lesquels on rencontre le plus grand nombre d'espèces. Un coup de maillet sur le tronc de ces arbres, en mai et juin; suffit pour en faire tomber souvent toute une récolte.

Pour se procurer les larves, qui se tiennent de préférence sur certaines plantes basses, il est utile de bien connaître ces plantes, ainsi que l'époque de l'éclosion des chenilles, et de se rappeler que les unes se trouvent à l'extrémité des feuilles, tandis que d'autres se tiennent au bas de la tige pendant le jour : telles sont les chenilles des Noctuélides qui, ne mangeant que la nuit, se retirent pendant le jour au pied des graminées et sous les feuilles sèches qui avoisinent ces plantes. C'est en secouant ces feuilles sur la nappe étendue par terre que vous

vous procurerez les chenilles. Pour plus de facilité, on met généralement les feuilles dans un filet à larges mailles.

**ÉLEVAGE.** — La chenille trouvée, il faut lui fournir en quantité suffisante les feuilles de la plante sur laquelle on l'a prise et les renouveler souvent. Certaines chenilles sont polyphages et se contentent de toute espèce de végétaux, mais elles font exception. Celles qui s'enterrent pour se chrysalider seront élevées dans des vases à demi remplis de terre de bruyère, puis d'un lit de mousse sous laquelle les chenilles se blottissent ; enfin, on recouvrira le tout d'une gaze ou d'une toile métallique, afin que les insectes, bien que prisonniers, ne soient privés ni d'air ni de lumière. Quant aux chenilles fileuses et à celles qui aiment la chaleur, on les déposera dans des boîtes assez profondes et fermées avec de la gaze ou du canevas. Il est indispensable que ces boîtes soient fréquemment nettoyées, et, recommandation importante, ne mettez que le moins possible ensemble des chenilles d'espèces différentes, parce que souvent elles s'entre-dévorent. Les chenilles de même espèce, trop nombreuses dans le même vase, se nuisent mutuellement ; il est préférable de les isoler quand on le peut, ou, du moins, de n'en loger qu'un petit nombre ensemble.

Aussitôt que la chenille a atteint son plus grand développement, elle se change en chrysalide et, dans cet état, ne demande plus aucun soin. Il importe même de ne point déranger les chrysalides, et surtout de ne point y toucher avant qu'elles soient raffermies. Celles qu'on aura trouvées et recueillies seront enterrées à moitié dans des boîtes ou pots garnis de terre de bruyère, de manière à ne laisser dépasser que la partie antérieure, par laquelle doit sortir le papillon. On les recouvre ensuite d'une légère couche de mousse qui devra être humectée de temps en temps. L'époque de sa dernière transformation arrivée, le papillon brise son enveloppe, comme nous l'avons indiqué plus haut, et se montre à l'état parfait. Si au bout de deux heures environ l'insecte n'est pas bien développé, c'est qu'il y a avortement.

# COLLECTIONS

## Manière de préparer et de conserver les papillons

Pour donner autant que possible à un papillon destiné à figurer dans une collection le port et l'attitude qu'il a en volant, il faut d'abord le tuer, s'il n'est déjà mort, afin de le fixer sans difficulté sur un petit appareil que nous allons décrire. Cette sentence pourra paraître cruelle, mais elle est nécessaire, si l'on ne veut pas s'exposer à voir l'insecte endommager ses ailes d'une façon déplorable, en cherchant à se dégager de ses entraves. Nous justifierons cet acte quelque peu barbare, en rappelant à nos lecteurs que les insectes sont à peu près insensibles à la souffrance. Chez eux, en effet, la sensibilité étant dispersée dans tout le corps, où elle est partagée entre dix ou douze centres ou cerveaux, presque indépendants les uns des autres, il en résulte qu'elle perd en intensité ce qu'elle gagne en étendue. Disons pour preuve qu'un insecte, traversé par une épingle, peut conserver toutes ses fonctions vitales pendant plus d'une année. Nous avons vu une guêpe, coupée en deux, se régaler avec avidité de sirop de groseille ; au fur et à mesure que l'insecte absorbait le liquide, celui-ci venait former une bulle rouge derrière les ailes, à la place de l'estomac absent. Le plaisir de l'animal paraissait même augmenté par suite de la mutilation qu'il avait subie, en ce qu'il pouvait boire dix fois autant que s'il eût été dans son état normal.

En parlant de la chasse au filet, nous avons indiqué un moyen de tuer le papillon que l'on vient de capturer. Ce moyen étant quelquefois insuffisant pour les grosses espèces nocturnes, on peut employer le suivant, s'il est nécessaire, après le retour de la chasse. On enfonce au-dessous de la tête, et longitudinalement dans le corselet, une très-longue aiguille, ou bien un fil de fer, dont on fait ensuite rougir l'autre extrémité à la flamme d'une bougie. Pour cette opération, on tient le papillon au-dessous du corselet, entre le pouce et les

deux premiers doigts, de manière qu'il ne puisse
faire aucun mouvement.

Un autre procédé, qui est peut-être préférable,
consiste à se pourvoir d'un vase à large embou-
chure, comme serait, par exemple, un pot à confi-
ture, qu'on choisira assez grand pour que le papillon puisse entrer dans l'intérieur sans toucher
aux parois. On y ajustera, en guise de couvercle,
un bouchon de liége fermant hermétiquement, et
l'on déposera au fond une petite éponge. Pour tuer
le papillon, on le pique sous le liége, puis on recouvre l'appareil, après avoir versé quelques gout-
tes d'éther ou de chloroforme sur l'éponge. Au bout
de quelques instants, si l'insecte n'est pas mort, il
ne fait plus du moins aucun mouvement et peut
être étalé sans inconvénient. Ce procédé est certainement le meilleur pour faire mourir un papillon né dans une boîte à chrysalides. Dans ce cas,
on le fait tomber, sans y toucher, de la boîte dans
le vase préparé, et, après quelques minutes de séjour, on peut le piquer sans crainte de l'endommager.

Quelques entomologistes remplacent les vapeurs
du chloroforme par celles du cyanure de potas-

sium. Mais, outre la difficulté de se procurer cette substance, dont la vente est soumise à certaines mesures restrictives, son emploi exige de très-grandes précautions, qui doivent faire hésiter d'y recourir.

Le papillon mort, il s'agit de l'*étaler*, c'est-à-dire de développer horizontalement ses ailes. Pour cette opération, procurez-vous de minces planchettes en bois tendre, creusées longitudinalement dans le milieu, d'une rainure profonde de vingt-cinq à trente millimètres, et d'une largeur proportionnée à la grosseur du papillon. Vous enfoncez dans le milieu de la rainure l'épingle qui traverse le corselet de l'insecte, puis avec une aiguille très-fine, que vous piquez au-dessous de la plus forte nervure, près du corps, vous conduisez successivement les ailes supérieures jusqu'à ce que leur extrémité dépasse raisonnablement celle de la tête. Vous conduisez de même les ailes inférieures jusqu'à ce qu'elles soient un peu recouvertes par les supérieures. On conçoit qu'il importe dans cet arrangement que les ailes d'un côté correspondent bien exactement à celles de l'autre côté. Cela fait, vous les assujettissez dans leur position, avec deux bandes de papier dont les extrémités seront arrêtées sur la planchette au moyen d'épingles ou de fortes aiguilles garnies d'une tête en cire à cacheter. Alors vous pourrez enlever les aiguilles des ailes, afin que, par la dessiccation, les trous ne s'agrandissent pas. Les antennes, les pattes et la trompe seront également arrangées dans leur position naturelle.

Quand vous aurez à étaler un papillon crépusculaire ou nocturne, dont les ailes ne présentent pas les mêmes dispositions que chez les Diurnes, vous ferez passer le crin écailleux qui garnit le bord externe des secondes ailes dans la coulisse qui se trouve sous les premières; par ce moyen, vous entraînerez les deux ailes du même côté à la fois, ce qui vous dispensera de piquer les inférieures.

On ne saurait trop recommander de ne pas toucher aux ailes avec les mains, afin de ne point s'exposer à détériorer l'éclat des couleurs, ce qui ferait perdre tout le mérite du sujet.

Il est aussi très-important, quand on veut préparer un papillon éclos en captivité, de ne pas le piquer trop tôt; si l'on n'attendait pas quelques heures après sa sortie de la chrysalide, alors même que l'éclosion a parfaitement réussi, ses ailes se crisperaient et ne reprendraient jamais leur forme.

Quelques jours suffisent pour amener la siccité complète du papillon. Alors on retire avec précaution les deux bandes de papier qui assujettissent les ailes et l'on enlève l'insecte de l'étaloir pour le placer dans la boîte à collection.

Dans le cas où le papillon à étaler serait déjà sec, il faudrait lui rendre sa souplesse en le posant à plat sur un lit de grès mouillé, au fond d'un vase clos. Pour les petites espèces, il suffit de les recouvrir sur le grès humide d'un simple verre à boire; la vapeur d'eau qui se forme sous le verre ramollit le papillon dans l'espace de vingt-quatre heures.

Les boîtes à collection doivent avoir la forme de tiroirs peu profonds et présenter toutes les mêmes dimensions, afin de pouvoir être posées les unes sur les autres. De cette manière, elles tiennent moins de place et elles se protégent mutuellement contre l'invasion des mites et de la poussière.

Le fond de ces boîtes sera garni de planchettes de liége collées et reliées entre elles avec de la colle forte. Par-dessus le liége, il est nécessaire de coller une feuille de papier blanc, qui fait ressortir les belles couleurs des papillons. Pour cela, on se sert généralement de colle de pâte, dans laquelle on a délayé quelques grains d'aloès, dont l'amertume éloigne les insectes destructeurs.

Enfin, pour que l'on puisse voir la collection sans être obligé de découvrir les boîtes, il est indispensable que les couvercles soient établis en forme de cadres garnis d'un verre épais et bien blanc, et que ces cadres ferment aussi hermétiquement que possible.

Quelques amateurs disposent leurs collections dans des cadres appendus, comme des tableaux, le long d'un mur. En pareil cas, il faut éviter, autant que possible, que les rayons du soleil frappent directement sur ces cadres, car ils font passer les riches couleurs des papillons.

# CLASSIFICATION

Linné ne reconnaissait que trois genres de Lépidoptères : les *Papillons* proprement dits, les
*Sphinx* et les *Phalènes*. Latreille conserva ces
groupes fondamentaux en les érigeant en familles
sous la dénomination de Diurnes, de Crépusculaires et de Nocturnes. Mais depuis, les entomologistes ont adopté une classification reposant non plus
sur l'heure du vol, mais sur la forme des antennes,
et l'ordre des Lépidoptères est aujourd'hui divisé
en deux grandes légions : celle des Rhopalocères
(ou papillons à antennes terminées en massue),
qui correspond à l'ancienne famille des Diurnes,
et celle des Hétérocères (ou papillons à antennes
de forme variable), qui comprend à la fois les Crépusculaires et les Nocturnes. Ces deux légions sont
parfois désignées aussi sous les noms d'*Achalinop-*

*tères* et de *Chalinoptères*, par allusion au port de leurs ailes (voyez page 48). En voici les principaux caractères :

### PREMIÈRE LÉGION. — **Rhopalocères.**

AILES élevées perpendiculairement dans le repos et de couleurs en général plus vives que chez les Hétérocères.

ANTENNES terminées ordinairement en massue ou par un bouton sphérique ou ovale; plus rarement amincies à l'extrémité et finissant par un crochet.

CHENILLES toujours à 16 pattes.

CHRYSALIDES aux formes anguleuses, offrant les trois types : *succinct* (tenu par la queue et par un fil transversal), *suspendu*, par la queue, et *enroulé*, c'est-à-dire enveloppé de feuilles sèches.

### DEUXIÈME LÉGION. — **Hétérocères.**

AILES non relevées pendant le repos.

ANTENNES de forme variable, tantôt prismatiques, tantôt en cornes de bélier, tantôt linéaires, pectinées, dentées, plumeuses ou filiformes.

CHENILLES à 8, 10, 12, 14 ou 16 pattes.

CHRYSALIDES très-rarement anguleuses, presque toujours enveloppées d'un cocon ou cachées dans la terre.

# DESCRIPTION DES FAMILLES

—

## RHOPALOCÈRES

—

SYNOPSIS

Antennes rapprochées à la base, à massues
non terminées par un crochet : 1re sec-
tion.................................... PAPILLONIDINÉS.

Antennes écartées à la base, à massues
terminées souvent par un crochet :
2e section............................. HESPÉRIDINÉS.

## PREMIÈRE SECTION. — Papillonidinés.

(Chrysalides succintes ou suspendues.)

SYNOPSIS

*Six pattes au papillon* (1) :

Ailes non en gouttière; bord de l'aile
concave.............................. PAPILLONIDES.

Ailes formant gouttière, pendant le repos,
pour envelopper l'abdomen ;
   Yeux non bordés de blanc; gouttière
   peu prononcée................... PIÉRIDES.

   Yeux bordés de blanc,
   Gouttière très-prononcée ; palpes
   longs........................... LYCÉNIDES.
   Gouttière peu prononcée; palpes
   courts.......................... ERYCINIDES.

(1) A l'exception seulement du *Nemeobius Lucina* ; voyez
*Erycinides*, page 121.

*Quatre pattes du papillon* (1) :

    Ailes en gouttière très-prononcée; cellule
      discoïdale ouverte;  vol rapide et pla-
      nant;
       Ailes  anguleuses; palpes très-longs,
        droits......................,............ LYBITHÉIDES.
      Ailes denticulées ou simplement si-
      nueuses; palpes longs et courbes.. NYMPHALIDES.
    Ailes en gouttière peu prononcée, cellule
      discoïdale fermée; vol sautillant...... SATYRIDES.

## § 1. — Succincts. — Succincti

### PAPILLONIDES. — PAPILIONIDÆ

Cette belle famille, si  riche en espèces remarquables,  ne  comprend  malheureusement  qu'un
très-petit nombre  de papillons indigènes ; les autres appartiennent,  en  général,  aux régions  les
plus chaudes du globe. Tous ont pour caractères :
une tête grosse, avec des yeux grands et saillants ;
des  palpes courts  ne dépassant pas les  yeux ; des
ailes larges, robustes, à nervures saillantes; l'abdomen libre, de forme oblongue ou allongée.

(1) Excepté le genre *Sibythea* ; voyez page 122.

SYNOPSIS

Ailes inf. terminées ordinairement par une
 queue; antennes longues, à massue presque arquée, pyriforme................ PAPILLON.
Ailes inf. non terminées par une queue; antennes courtes, à massue droite, ovoïde.. PARNASSIEN.

**Genre PAPILLON** (*Papilio*). Nous ne possédons en France que trois espèces de ce genre, savoir : le P. Machaon (*P. Pachaon*, fig. 1), dont la teinte

Fig. 1. — Le Machaon.

générale est le jaune clair, avec de larges bandes transversales et marginales d'un beau noir velouté.

Les parties noires sont comme saupoudrées d'é-
cailles jaunes dans les ailes supérieures, bleues
dans les ailes inférieures. Ces dernières, termi-

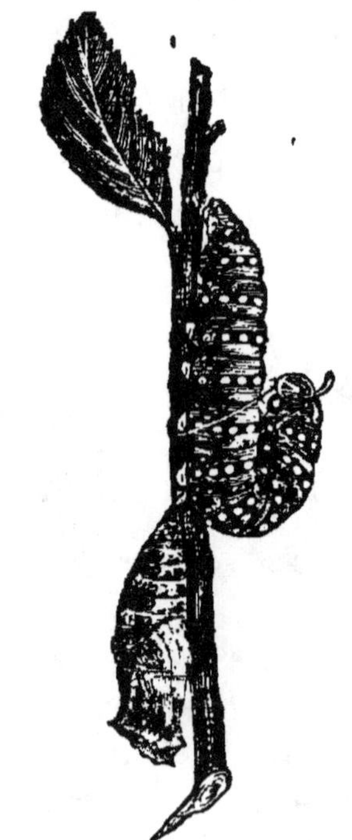

Fig. 2. — Chenille et Chrysalide
du Machaon.

nées par une queue, sont en outre marquées à
leur angle interne d'une tache couleur rouille. La
chenille (fig. 2), très-belle, est d'un vert gai, avec

des anneaux noirs veloutés et tachetés de rouge. Comme toutes celles des *Papillons proprement dits*, elle porte derrière la tête une espèce d'appendice fourchu et rétractile qui, lorsque l'insecte est effrayé, excrète un liquide fortement odorant destiné sans doute à éloigner certains ennemis. On trouve principalement cette chenille sur les ombellifères, notamment la carotte sauvage et le fenouil. La chrysalide est verte. On rencontre communément le Machaon, de mai à septembre, dans les environs de Paris, où il fréquente surtout les champs de luzerne. Son vol est élégant et rapide ; mais on le prend sans peine *au posé*, surtout vers le coucher du soleil.

Le P. PODALIRE (*P. Podalirius*) a les ailes jaunes, traversées de raies noires en forme de flammes (d'où son nom vulgaire de *Flambé*) ; des croissants bleus marquent le bord marginal des secondes ailes, qui se terminent par une queue noire bordée de jaune, et qui portent une tache rougeâtre entourée d'un croissant bleu à leur bord interne. Ce papillon, un des plus beaux de son genre, se trouve en avril, mai, juin et août, sur les lisières des bois, où il recherche les fleurs de ronce et de chardon. On le trouve assez communément, dès le 15 avril, voltigeant sur les blanches fleurs de l'aubépine ou du prunellier, dans la forêt de Fontainebleau, ainsi qu'à Bondy et à Saint-Germain. Sa chenille est rose, verte, avec trois lignes blanchâtres longitudinales, et des traits obliques pointillés de rouge ; elle vit principalement sur le prunellier et le pêcher. La chrysalide est incarnate et mouchetée de noirâtre, avec des nervures ferrugineuses sur le dos.

Le P. ALEXANOR (*P. Alexanor*) a les ailes d'un jaune d'ocre avec le limbe terminal, quatre bandes sur les supérieures et deux sur les inférieures, d'un beau noir ; les inférieures ont en outre un œil rouge à l'angle interne. Ce joli papillon ne se trouve que dans le Midi, en juillet et août.

Genre PARNASSIEN (*Parnassius*). Tous les Parnassiens habitent les régions montagneuses. Nous ne citerons que le P. APOLLON (*P. Apollo*, fig. 3), qui se rencontre, en juin et juillet, dans les Pyrénées, les Alpes, les Cévennes, les Vosges, etc. C'est un beau papillon à ailes blanches ; les supérieures portent cinq taches noires ; les inférieu-

res ont deux *yeux* à iris écarlate bordés de noir
et à prunelle blanche. La chenille, d'un noir velouté, porte deux séries de taches orangées sur les

Fig. 3. — Parnassien Apollon.

côtés. On la trouve en mai sur plusieurs saxifra-
ges. La chrysalide est noire, saupoudrée de
bleuâtre.

### PIÉRIDES. — PIERIDÆ

Les Piérides ne diffèrent des Papillonides que
par l'absence de toute concavité ou apparence d'é-
chancrure au bord abdominal des ailes inférieures,
et par la manière dont ces organes reçoivent l'abdomen dans une sorte de gouttière. Les chenilles

sont légèrement ponctuées et atténuées aux deux extrémités.

SYNOPSIS

Antennes très-longues, annelées de noir et de blanc......... ...................... PIÉRIDE.

Antennes courtes d'une seule couleur, terminées par une massue ovale; ailes assez larges, blanches, avec une grande tache aurore ou une bande noire à l'extrémité; abdomen assez volumineux............ ANTHOCARIS.

Antennes moyennes, d'une seule couleur, terminées par un bouton ovale; ailes très-oblongues, blanches, avec une tache noire, arrondie au sommet des supérieures; abdomen linéaire.............. LEUCOPHASIE.

Antennes courtes, grossissant insensiblement de la base à l'extrémité; ailes jaunes sans bandes noires à l'extrémité.. RHODOCÈRE.

Antennes terminées en cône renversé; bandes noires à l'extrémité des ailes supérieures............................ COLIADE.

Le genre PIÉRIDE (*Pieris*) comprend tous ces papillons blancs, à peine tachetés de noir, que l'on voit voltiger dès les premiers beaux jours, et qui reparaissent souvent en automne. Ce sont tous des ennemis acharnés de nos potagers et de nos cultures : dans certaines années, leurs chenilles anéantissent presque complétement les choux, les raves, les colzas, et en général toutes les plantes de la famille des crucifères.

Assez rares dans le Nord, les Piérides se montrent de plus en plus communes à mesure qu'on avance vers le midi de l'Europe, et l'on peut remarquer, à cette oocasion, l'influence que la civilisation semble avoir exercée sur la propagation de certaines espèces de papillons. «Ainsi, dit M. Fairmaire, ces Piérides sont extrêmement répandues dans les pays où la culture remonte à une haute antiquité, par exemple, dans l'Italie méridionale, dans la Grèce et surtout en Égypte, contrée si stérile d'ailleurs en lépidoptères. De cette abondance d'une part et de cette stérilité de l'autre, on peut tirer cette conclusion que la civilisation, tout en détruisant un grand nombre d'espèces, a été au contraire une cause d'accroissement pour d'autres, dont l'existence s'est trouvée, pour ainsi dire, liée intimement à celle de l'homme, puisque leurs chenilles vivent des mêmes végétaux qui nous servent de nourriture. En admettant donc que ces espèces se soient multipliées à mesure que la culture multipliait le nombre des plantes potagères, on sera porté à croire que les Piérides, communes aujourd'hui dans presque toute l'Europe, ont eu l'Orient pour berceau, se sont répandues avec la civilisation égyptienne dans la Grèce, puis en Italie, et de là dans les Gaules et le reste du continent. Ce qui viendrait à l'appui de cette opinion, c'est que ces papillons, notamment celui du chou, atteignent en Morée, et surtout en Égypte, des dimensions gigantesques, tandis que leur taille se réduit à mesure qu'on remonte vers le Nord, et il est généralement admis que les espèces dégénèrent en s'éloignant de leur patrie primitive. On peut aussi inférer de ces faits qu'avant la conquête des Romains, la faune entomologique des Gaules devait être différente de ce que la faune française est aujourd'hui; certaines espèces de Nymphales et de Satyres, devenues rares aujourd'hui, devaient peupler les épaisses forêts des Gaules et de la Germanie, tandis que plusieurs espèces de Coliades et Piérides, dont les chenilles se nourrissent presque exclusivement de plantes domestiques, devaient être fort rares, peut-être même inconnues dans les contrées qu'elles infestent aujourd'hui.

Le genre Piéride a pour type la P. DU CHOU

(*P. brassicæ*, fig. 4), vulgairement *papillon blanc*, si commune partout pendant la belle saison. Ce papillon, de vingt-cinq à trente millimètres d'envergure, a le corps noir, couvert de longs poils blancs ; ses ailes sont d'un blanc farineux, avec le sommet des supérieures noir ; la femelle a de plus, sur ces mêmes ailes, trois taches noires, dont deux arrondies

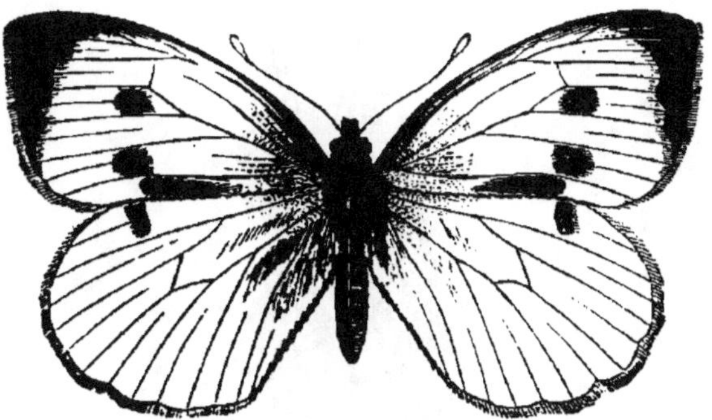

Fig. 4. — Piéride du chou.

et une allongée. Cette Piéride pond, sur la face inférieure des feuilles du chou, des plaques d'œufs serrés les uns contre les autres, de forme pyramidale, placés debout et à surface cannelée. Les chenilles qui en sortent (fig. 5), ne s'écartent guère et ne s'éloignent que quand la nourriture vient à manquer, c'est-à-dire lorsqu'elles ont dévoré la plus grande partie des feuilles, dont elles ne laissent subsister que les nervures. On estime qu'elles mangent chaque jour environ le double de leur poids.

Ces chenilles sont vertes, lavées de jaune sur les

Fig. 5. — Chenille et Chrysalide
de la Piéride du chou.

côtés et marquées de points noirs occupés chacun par un poil. Dès qu'elles ont atteint leur entier développement, elles quittent les plantes qu'elles ont ravagées, et vont quelquefois chercher assez loin une place pour se métamorphoser. C'est ordinairement suspendues sous les pierres en saillie des murs de jardins que l'on trouve leurs chrysalides.

On ne saurait trop faire la guerre à cette espèce dévastatrice, qui pullule d'une manière prodigieuse; détruire les chenilles, les chrysalides et les œufs, en les écrasant, chasser le papillon au filet, telles sont les seules ressources à opposer à sa désolante fécondité. Malheureusement, ces soins ne sont guère praticables que dans les jardins. Dans la grande culture, il faut s'en rapporter aux Ichneumons. Une petite espèce de ce groupe d'insectes, le *Microgaster glomeratus*, en détruit d'énormes quantités; ses larves dévorent toutes les parties graisseuses de la chenille, dont elles percent ensuite la peau, quand elles ont atteint leur entier accroissement, pour se renfermer dans un petit cocon de soie jaune. Elles sortent presque toutes à la fois et ne se séparent pas; aussi tous les cocons tiennent-ils ensemble et ne paraissent faire qu'une seule masse.

La P. DE LA RAVE (*P. rapi*) partage les anathèmes lancés par les jardiniers contre sa congé-

nère. Sa vorace chenille, verte, à trois bandes jaunes, et couverte de poils veloutés, souille parfois
des planches entières de choux, dont elle recherche surtout les feuilles centrales et plus tendres;
de là le nom de *ver du cœur* sous lequel on la désigne vulgairement. Ce Papillon, qui diffère du
précédent par sa taille plus petite et la tache du
sommet de l'aile moins étendue, est quelquefois
pris pour une jeune *P. brassicæ*, par de novices
chasseurs de papillons, qui oublient que les Lépidoptères ne grandissent plus une fois arrivés à
l'état d'insecte parfait. La femelle n'a que deux
taches noires sur le milieu des ailes supérieures;
elle pond ses œufs isolément et non par plaques,
sur les revers des feuilles de chou.

La P. DU NAVET (*P. napi*), très-commune dans
tous les lieux cultivés, de mai à juillet, diffère surtout de la précédente par les nervures obscures
qui marquent le dessous des ailes. Sa chenille est
d'un vert sombre, mais plus clair sur les côtés,
avec de petites verrues blanches, des points noirs
et un léger duvet; elle recherche surtout les feuilles du navet et de l'*Arabis perfoliata*.

La P. DAPLIDICE (*P. Daplidice*, fig. 6). Très-ré-

pandue dans les bois et dans les prairies, d'avril
à juillet, est blanche avec une tache noire presque
carrée au milieu du bord antérieur des premières
ailes, dont le sommet est noir avec une rangée de
quatre points blancs. Chez la femelle, il existe de
plus une tache noire près de l'angle interne, et les
ailes inférieures ont une bordure noire qui man-

Fig. 6. — Piéride Daplidice.

que chez les mâles. Ce papillon a le vol lourd et
se laisse facilement attraper. Sa chenille, qui se
montre de juillet à septembre, est bleuâtre, avec
des points noirs et quatre bandes jaunes longitudinales. On la trouve principalement sur le réséda
sauvage. La chrysalide ressemble beaucoup à celle
de la Piéride du chou.

La P. GAZÉE (*P. Cratœgi*) a les ailes arrondies,

très-entières, d'un blanc verdâtre; un peu transparentes, avec des nervures noires. Elle habite les jardins et les prairies, de juin à septembre. Pallas rapporte qu'il vit cette espèce voler en si grande abondance aux environs de Winofka, qu'il la prit d'abord pour des flocons de neige. La chenille se montre du milieu d'avril à la fin de mai; elle est grise sur les côtés, noire sur le dos et marquée de deux bandes longitudinales rougeâtres; un duvet blanchâtre la couvre entièrement. Cette chenille, qui est très-vorace, vit sur divers arbres fruitiers, et plus généralement sur l'aubépine (*Cratægus oxyacantha*), d'où son nom spécifique de *Cratægi*. Dans le Midi, où l'espèce est plus commune que dans le centre et le nord de la France, cette chenille fait un tort considérable aux amandiers : on affirme que ces arbres meurent lorsqu'elle les dépouille de leurs feuilles deux années de suite. Elle vit d'abord en famille dans un nid de soie ovale, à l'extrémité des rameaux, où elle passe toute la mauvaise saison; puis s'isole au printemps, en se répandant sur toutes les branches de l'arbre. A cette époque, les feuilles à peine développées sont petites et tendres, aussi les rava-

ges causés par ces chenilles sont-ils des plus ra-
pides. Chaque soir, les voraces insectes reviennent
au logis, d'où ils ne sortent pas quand le temps
est pluvieux. Arrivée à tout son développement, la
chenille de la Gazée est d'un beau noir, avec une
bande longitudinale de poils jaunes ou roux de
chaque côté du corps, qui est entièrement garni
de longs poils blancs, mêlés de quelques poils
noirs. Elle donne une chrysalide anguleuse, jaune-
citron, et marquée de raies et de taches d'un beau
noir. On trouve cette chrysalide sous les rebords
des chaperons des murs, dans leurs anfractuosités,
derrière les treillages des espaliers, etc.

Genre ANTHOCARIS (*Anthocaris*). Les Anthocaris, très-voisines des Piérides, en diffèrent surtout par le peu de longueur des antennes et par
la forme des chrysalides, qui sont allongées et
pointues à chaque extrémité. L'A. DU CRESSON (*A.
cardamines*), vulgairement *Aurore*, est un charmant papillon aux allures vives, qui vole en mai
dans les bois et les jardins. Le mâle est facile à
reconnaître à ses ailes moitié blanches, moitié
aurore, avec un point noir au milieu et le sommet

noir. La femelle, qui diffère par l'absence de la couleur aurore et par un peu plus de noir au sommet des ailes, peut être facilement confondue avec la Pieride Daplidice. La chenille, légèrement velue, est verte avec trois lignes blanches longitudinales; elle vit sur presque toutes les crucifères, notamment la cardamine et l'alliaire. C'est principalement sur les rameaux desséchés de ces plan-

Fig. 7. — Aurore de Provence.

tes que l'on trouve, en hiver, sa chrysalide, d'un vert jaunâtre, avec une ligne blanche latérale.

L'ANTHOCARIS EUPHENO (*A. Eupheno*, fig. 7) a les ailes d'un beau jaune, de part et d'autre, avec la base noirâtre en dessus. Les supérieures ont, vers le sommet, une grande tache aurore, sur le côté interne de laquelle se remarque un croissant noir; les inférieures ont le bord terminal parsemé de points noirs. Chez la femelle, le ton général des ailes est plutôt le blanc verdâtre, avec le sommet brunâtre en dessus. Cette Anthocaris, vulgairement connue sous le nom d'*Aurore de Provence*, paraît en avril et mai; on la rencontre surtout dans le midi de la France : elle abonde dans les garigues de tous nos départements méridionaux.

Genre LEUCOPHASIE *(Leucophasia)*. Facile-

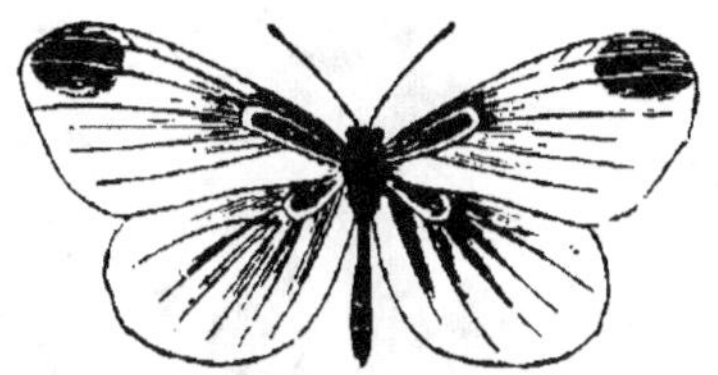

Fig. 8. — Leucophasie de la moutarde.

ment reconnaissables à leurs ailes minces et très-oblongues, les *Leucophasia* ont pour type la L. DE LA MOUTARDE (*L. sinapis*, fig. 8), dont les ailes sont d'un blanc de lait, avec une tache noirâtre et arrondie à l'extrémité des supérieures. Cette tache est plus ou moins large, suivant les individus, et peut même manquer complétement, ainsi que nous l'avons constaté plusieurs fois. La femelle nous paraît avoir les ailes généralement plus arrondies que le mâle. Ce papillon recherche les clairières tranquilles et silencieuses, où on le voit constamment voltiger avec légèreté, ne se posant que rarement, et se laissant difficilement approcher. Sa chenille est verte, rayée de jaune sur les côtés ; on la trouve sur diverses plantes légumineuses des bois, notamment le lotier corniculé.

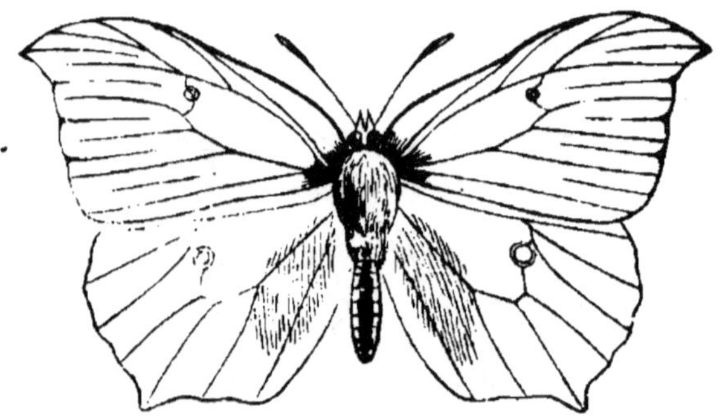

Fig. 9. — Rhodocère citron.

La chrysalide ressemble beaucoup à celle de l'Anthocaris du cresson.

Genre RHODOCÈRE (*Rhodocera*). Ce genre est caractérisé par l'angle curviligne qui termine le sommet des ailes supérieures. La R. CITRON (*Rh. rhamni*, fig. 9) se montre partout pendant la belle saison ; c'est un des rares papillons hybernants.

Les ailes sont : jaune-citron chez le mâle, blanc verdâtre chez la femelle, et un point, orangé en dessus, ferrugineux en dessous, en occupe le milieu. La chenille est d'un beau vert, plus pâle sur les côtés que sur le dos, qui est chagriné de points noirs ; on la trouve presque toujours sur le nerprun (*rhamnus*). Sa chrysalide est verdâtre, avec une tache rousse et une ligne plus claire sur chaque côté.

La R. CLÉOPATRE (*Rh. Cleopatra*), très-commune, surtout dans le Midi, n'est peut-être qu'une variété de la précédente, dont elle se distingue par une plus grande largeur de la tache orange chez le mâle, et par la teinte plus foncée de la base des ailes chez la femelle.

Genre COLIADE (*Colias*). Les Coliades se distinguent nettement des autres Piérides par leurs antennes à extrémité renflée et par leurs ailes toujours arrondies et garnies d'une frange rose.

La COLIADE SOUCI (*C. edusa*) a les ailes d'un jaune-souci ; les supérieures présentent vers le milieu de leur bord antérieur un gros point noir, et toutes les quatre ont à leur extrémité une large bande noire, continue chez le mâle, divisée par des taches jaunes chez la femelle. Ce papillon fait son apparition quelquefois dès le mois de juillet ; mais c'est d'août à octobre qu'il est le plus abondant. Les champs de trèfle et de luzerne sont les endroits où on le rencontre surtout, bien qu'il fréquente aussi les prairies sèches, les collines arides et les remblais des chemins de fer. Son vol est rapide et sa chasse demande une certaine habitude. Le meilleur moyen de l'attraper est d'attendre qu'il se soit posé sur une fleur ; on s'en approche prudemment jusqu'à bonne portée, on élève lentement le filet et l'on frappe rapidement *de haut en bas* sur l'insecte qui, d'ordinaire, s'élève droit en prenant son essor ; avec ces précautions, neuf foix sur dix, vous saisirez votre proie, et si cette méthode n'est pas la plus élégante, du moins c'est celle qui garnit le mieux la boîte du chasseur. La chenille du souci est d'un vert foncé, avec une ligne et des tachettes orange de chaque côté. On la trouve, en juin et juillet, sur la luzerne, le trèfle, la lupuline et autres plantes légumineuses. La chrysalide, assez semblable à celle du papillon

du chou, est verte avec des raies jaunes et des
points de couleur rouille.

La COLIADE SOUFRE (*C. hyale*, fig. 10) n'est peut-
être qu'une variété de la précédente, dont elle diffère par la teinte plus sulfurée de ses ailes ; la femelle est même plutôt d'un blanc verdâtre que
jaune, avec une tache orangée vers le milieu des

Fig. 10. — Coliade soufre.

secondes ailes. Ce papillon est assez commun dans
les champs ; il aime à se poser sur les fleurs de la
luzerne. On le voit paraître d'abord en mai et une
seconde fois en juillet.

### LYCÉNIDES. — LYCŒNIDÆ

Cette famille est caractérisée par des antennes
droites, à tige annelée de blanc ; un thorax robuste

et un abdomen très-court. Les chenilles, en forme de cloporte, sont pubescentes, à tête petite et à pattes extrêmement courtes.

SYNOPSIS

Tarses courts, toujours entrecoupés de blanc ............................................ THÉCLA.

Tarses épais, d'une seule couleur; palpes presque droits; dessus des ailes généralement de couleur bronzée ............. POLYOMMATE.

Tarses minces, d'une seule couleur; palpes courbes; dessus des ailes généralement de couleur bleue ...................... LYCÈNE.

Genre THÉCLA (*Thecla*). Les Théclas sont de petits papillons aux couleurs peu brillantes et dont les ailes inférieures, plus ou moins dentées à leur bord abdominal, forment, pour le plus souvent, une petite queue à l'angle anal, d'où le nom de *porte-queue* sous lequel on les désigne vulgairement.

Le T. DU BOULEAU (*T. betulœ*), le plus grand de tous, ne mesure que quatre centimètres environ d'envergure. Les ailes sont d'un brun noirâtre, avec l'angle interne et le milieu des inférieures fauves. Dans la femelle, il y a, en outre, une bande fauve vers l'extrémité des supérieures. Ce

papillon, qui paraît de la fin de juillet à la mi-
septembre, se trouve dans les haies et le long des
haies, où il se laisse peu approcher, volant d'ordinaire à quelques mètres en avant du chasseur. La
chenille est verte, marquée obliquement de lignes
blanches ; elle vit principalement sur le bouleau,
mais aussi sur le prunellier.

Fig. 11. — Thécla du prunier.

Le T. DU PRUNIER (*T. pruni*, fig. 11), moins
commun que le précédent, est une assez jolie espèce. Les deux sexes sont d'un brun noirâtre en
dessus, avec une rangée postérieure de taches
fauves aux quatre ailes de la femelle et seulement
aux secondes ailes du mâle. La chenille est verte,

avec quatre rangées de points jaunes. Ce Thécla,
qui est répandu dans toute la France, se montre
surtout dans les clairières où croissent les prunel-
liers. Il était autrefois très-commun dans la forêt
de Bondy ; mais les coupes fréquentes qu'on y a
faites, jointes à une chasse constante de la part des
collectionneurs parisiens, ont singulièrement di-
minué l'abondance de cette espèce. La rive gauche
du canal de l'Ourcq, entre la Poudrette et le pont
des Six-Routes, est encore la meilleure localité à
explorer pour se la procurer.

Le T. W blanc (*T. W album*) ressemble beaucoup au *Th. pruni*, dont il ne diffère que par l'absence de taches fauves sur les premières ailes, chez
la femelle, et la présence, chez le mâle, d'un point
grisâtre près de la côte des mêmes ailes, qui sont
marquées en dessous d'une ligne blanche formant
à sa partie inférieure deux angles aigus ou un W.
De juin à juillet, ce papillon se rencontre dans les
endroits tranquilles plantés d'ormes, où il vole
tantôt effleurant les branches, tantôt se tenant à
un ou deux pieds du sol. Sa chenille, vert glau-
que, rayée de jaune, se récolte en mai en secouant
les branches des ormes.

Le T. Lyncée (*T. Lynceus*), petit papillon à ailes d'un brun noirâtre, avec un point fauve à l'angle anal des inférieures, se montre en juin et juillet sur la lisière des bois, où il aime à se reposer sur les fleurs de la ronce et du serpolet. Cette espèce est très-répandue.

Le T. du chêne (*T. quercus*) est noirâtre, glacé de bleu-violet. La femelle a de plus une tache bleue à la base du bord intérieur des ailes supérieures. Il vole presque toujours à la cime des arbres et ne descend que rarement à portée du filet. La chenille, qui vit sur le chêne, est d'un brun rougeâtre, marquée de noir.

Le T. de la ronce (*T. rubi*) est une jolie petite espèce qui se reconnaît immédiatement à la nuance verte du dessous de ses ailes, d'un brun noirâtre en dessus. Ce papillon paraît en mai et juin, puis en août ; il vole le long des haies et se pose parfois sur les feuilles des jeunes arbres, à une douzaine de pieds du sol. La chenille est verte, tachetée et rayée de bleu ; elle vit principalement sur la ronce, mais on la trouve aussi sur le genêt et quelques autres plantes de la même famille.

Genre POLYOMMATE (*Polyommatus*). Ce genre comprend des papillons de petite taille, parés d'assez belles couleurs, et qui, sur un fond uniforme, offrent des taches imitant des sortes d'yeux : de là le nom d'*Argus* sous lequel on les désigne quelquefois. Leur nom générique a la même signification (πολὺς, plusieurs ; ὄμμα, œil). Tous se ressemblent par les mœurs, les habitudes, les localités qu'ils fréquentent, etc. ; on les rencontre presque toujours ensemble dans les prairies sèches, les guérets et les bruyères. Leurs chenilles, à pattes très-courtes, sont lentes dans leurs mouvements. Élargies et aplaties, elles ressemblent à des cloportes et vivent presque toujours sur les plantes basses.

Le P. PHLÉAS (*P. Phlœas*, fig. 12) est un des plus répandus ; on le trouve partout, voltigeant au soleil et se posant sur les fleurs de la scabieuse sauvage, dont la nuance bleu tendre fait mieux ressortir le brillant métallique de ses ailes. Les deux sexes sont semblables entre eux ; les premières ailes sont d'un fauve bronzé avec des points noirs et le bord d'un brun noirâtre ; les secondes sont noirâtres. Ce papillon paraît au printemps,

puis à la fin de l'été. Sa chenille est verte avec trois
rayures longitudinales rouges ; elle vit sur l'oseille
sauvage.

Le P. Chryséis (*P. Chryseis*), qui paraît dans
le courant de juin et au mois d'août, a les ailes
d'un fauve-ponceau, avec tout le pourtour noirâtre
et glacé de bleu-violet. Le milieu de chaque aile

Fig. 12. — Polyommate Phlæas.

est marqué d'un double point noir. La femelle
présente des teintes un peu plus foncées. On
trouve ce papillon en grande abondance à quelques lieues au nord de Paris, et principalement
dans les forêts de Chantilly, de Hallate, de Compiègne, etc. On peut dire que Pierrefonds est son
quartier général.

Le P. Xanthé (*P. Xanthe*, fig. 13) a le dessus des ailes d'un brun obscur, le dessous d'un jaune grisâtre pointillé de noir. La femelle diffère du mâle en ce qu'elle a le milieu des premières ailes fauve de part et d'autre. Très-commun en mai et en août, ce papillon se plaît sur le genêt à balais, et se montre fréquemment dans les clairières des bois secs où abonde cette plante.

Fig. 13. — Polyommate Xanthe.

Le P. Hippothoé (*P. Hippothoe*), assez commun dans les prairies humides, principalement de l'ouest et de l'est de la France, a les ailes d'un fauve doré, avec une petite bordure noire, crénelée intérieurement sur les inférieures, et une petite lunule noire sur le disque de chacune d'elles.

Genre LYCÈNE (*Lycœna*). — Les Lycènes, très-voisins des Polyommates, partagent leurs habitudes. C'est surtout dans les lieux secs et découverts qu'on les rencontre. L'Argiolus, seul peut-être, fait exception ; il se plaît surtout le long des haies et dans les bois, principalement ceux où croissent le houx et le lierre. Chez ces papillons, le dessus des ailes est presque toujours bleu dans les mâles (d'où le nom d'*Azurins*, qu'on leur donne parfois), et le dessous gris ou brun, avec des points ocellés dans les deux sexes. Les chenilles, assez semblables à celles des Polyommates, vivent sur les plantes légumineuses.

Le L. Strié (*L. Bœtica*), qui habite les prairies et les jardins en août et septembre, est très-facile à reconnaître à la queue linéaire dont sont munies ses ailes inférieures. La nuance générale des ailes est un violet foncé, avec une bordure brune et deux gros points noirs à l'angle anal. On trouve surtout cette espèce dans les parcs où l'on cultive le baguenaudier (*Colutea arborea*).

Le L. Amynthas (*L. Amynthas*), pourvu d'une queue linéaire comme le précédent, a les ailes d'un bleu-violet, avec la bordure noire et quelques petits points terminaux de cette couleur aux inférieures. La femelle est brune. Cette espèce vole, en juillet et août, dans les pārties arides des bois.

Viennent ensuite les espèces dépourvues de queue aux ailes inférieures, et dont les habitudes sont tellement semblables, que nous donnerons seulement pour chacune d'elles les indications propres à les faire reconnaître. Ce sont :

Fig. 14. — Lycène Corydon.

Le L. CORYDON ( *L. Corydon*, fig. 14 ). — Dessus des ailes : chez le mâle, bleu clair, légèrement verdâtre, à reflets soyeux, et se fondant avec un large bord noir; chez la femelle, brun foncé, avec un ton plombé près du corps et une bordure de points orangés. Paraît en juillet et août. Chenille verte, rayée de jaune sur le dos et sur les côtés.

Le L. ADONIS (*L. Adonis*). — Dessus des ailes : chez le mâle, bleu-azur sans aucun reflet lilas, avec un bord noir ; chez la femelle, brun foncé saupoudré d'écailles bleues, avec une bordure de points orangés. Paraît d'abord en mai, puis en août. Très-commun. Chenille semblable à celle du Corydon.

Fig. 15. — Lycène Ægon.

Le L. ALEXIS (*L. Icarius*). — Dessus des ailes : chez le mâle, bleu-lilas ; chez la femelle, bleu-purpurin au centre, brunissant vers les bords. C'est le joli petit papillon bleu que l'on voit partout du commencement de mai à la fin de septembre. La chenille est verte, avec une ligne noire sur le dos et des points blancs de chaque côté. On la trouve sur le trèfle et autres légumineuses.

Le L. ÆGON (*L. Ægon*, fig. 15). — Dessus des ailes : chez le mâle, bleu purpurin, avec une large bande noire ; chez la femelle, brun sombre, quelquefois légèrement teinté de bleu et bordé de points orangés. Paraît en juillet et août. La chenille est brune, avec des lignes blanches ; elle vit sur le genêt.

Le L. AGESTIS (*L. Agestis*). — Le dessus des ailes est d'un brun *chaud,* avec une bordure de points orangés. La femelle ne diffère du mâle que par cette bordure, qui est un peu plus large. Ce papillon vole en mai, juin et août. Sa chenille est verte, avec des taches plus pâles sur le dos et une ligne brune au milieu.

Le L. HYLAS (*L. Hylas*). — Dessus des ailes : chez le mâle, bleu-violet, avec le bord postérieur noirâtre ; chez la femelle, noirâtre, avec la base violacée. Il paraît au mois d'août.

Le L. ARGUS (*L. Argus*) a les ailes d'un bleu violâtre, avec le bord postérieur noirâtre et longé, dans la femelle, par une série de taches fauves, lesquelles sont appuyées sur un point noir. L'Argus est commun aux environs de Paris à la fin de juillet.

Le L. ARGIOLUS (*L. Argiolus*) a le dessus des ailes bleu-lilas, avec un bord noir, étroit chez le mâle, très-large chez la femelle. Dessous des ailes blanc bleuâtre, avec de nombreux points noirs. Paraît en avril ou mai, puis en août. Chenille verte, avec une ligne plus foncée sur le dos; vit sur les fleurs du houx, du lierre et du nerprun.

## ERYCINIDES. — ERYCINIDÆ

Les Erycinides, qui touchent aux Lycénides par des affinités nombreuses, en diffèrent surtout par leur gouttière anale peu prononcée et par l'atrophie des pattes antérieures chez les mâles. Leurs chenilles, ovales, hérissées de poils fins, ont la tête petite et les pattes très-courtes. Cette famille n'est représentée en Europe que par le genre *Nemeobius,* qui ne renferme lui-même qu'une seule espèce : le *N. Lucina* (fig. 16), petit papillon dont les ailes, à angle apical très-aigu, sont bigarrées de jaune-tan et de brun foncé ou de noir. Il vole en mai et juin, puis en août, dans les bois peu couverts, où il fréquente surtout les allées. Très-commun dans la forêt de Bondy, on l'y trouve dès le 10 mai volant tantôt sur les fleurs des bugles, tantôt sur les jeunes feuilles de chêne. Sa chenille est brun rougeâtre, avec des touffes de poils de la même couleur ; elle vit sur la primevère et sur plusieurs espèces de *Rumex*. La chrysalide est également hérissée de poils fins.

Fig. 16. — Nemeobius Lucina.

## § II. — Suspendus. — Suspensi

### LIBYTHÉIDES. — LIBYTHEIDÆ

Cette famille n'est représentée chez nous que par une seule espèce, la LIBYTHÉE DU MICOCOULIER (*Libythea Celtis*), qui, encore, ne se montre guère que dans les départements méridionaux et bordant la Méditerranée. Ce papillon, aux ailes très-anguleuses et tronquées à leur sommet, aux palpes très-longs et formant une sorte de bec au-dessus de la tête, diffère des autres Lépidoptères à chrysalide suspendue, par l'existence de six pattes propres à la marche chez la femelle. Le dessus des ailes est d'un brun noirâtre; les supérieures ont cinq taches fauves et les inférieures ont vis-à-vis du sommet une bande également fauve, tantôt continue, tantôt interrompue vers le haut. L'insecte parfait vole en juin, et sa chenille se trouve d'avril à juillet sur le micocoulier (*Celtis Australis*), et probablement aussi sur d'autres arbres.

### NYMPHALIDES. — NYMPHALIDÆ

Cette famille renferme des papillons à antennes longues, à corselet robuste, et dont les ailes sont très-amples. Ils habitent les bois et volent très-haut, mais se posent volontiers sur la terre humide et les matières excrémentitielles. Les chenilles sont tantôt épineuses, tantôt tuberculeuses.

SYNOPSIS

Antennes à tige grêle et à massue courte et abrupte :

  Tête aussi large que le thorax.

    Antennes plus longues que le corps, terminées par un bouton ovoïde, creusé en cuiller en dessous; dessous des ailes presque toujours orné de taches ou de bandes d'argent...... ARGYNNE.

    Antennes plus courtes que le corps, terminées par un bouton aplati en dessous; pas de taches d'argent aux ailes................. MÉLITÉE.

  Tête plus étroite que le thorax; massue des antennes ni aplatie ni creusée en gouttière en dessous............................. VANESSE.

Antennes se formant insensiblement en une massue fusiforme :

    Palpes écartés et divergents; dessus des ailes à fond noir avec bandes et taches blanches. LIMÉNITE.

    Palpes écartés, mais convergents; bandes fauves aux ailes......................... NYMPHALE.

    Palpes longs, connivents vers leurs extrémités; ailes d'un brun noirâtre, à reflet violet, avec des taches ocellées...................... APATURE.

Genre ARGYNNE (*Argynnis*).— Les Argynnes ont les ailes légèrement dentelées, fauves en dessus, avec des taches et des stries noires, d'une nuance plus claire en dessous, avec des taches brillantes et comme argentées. Elles ont le vol très-rapide et soutenu. Leurs chenilles sont couvertes d'épines ramifiées et dont les deux plus voisines de la tête sont ordinairement plus grandes que les autres. Un fait assez curieux à signaler, c'est que ces chenilles tombent en léthargie vers le milieu de juin et demeurent presque toutes dans cet état jusqu'au printemps suivant. Quelques-unes seulement sortent de leur torpeur dans le courant d'août, mangent avec voracité, changent deux fois de peau, se transforment en chrysalides et, en peu de jours, deviennent insectes parfaits. Quant aux autres, elles ne commencent à manger que dans les premiers jours de mars et se métamorphosent un mois après.

L'A. LATHONIA (*A. Lathonia*), vulgairement le *Petit-Nacré*, a les ailes d'un fauve ardent, avec sept ou huit taches nacrées à l'extrémité. Le dessous, plus pâle, présente une trentaine de points argentés. Ce papillon vole, en août et en septembre, dans les bois des environs de Paris. Sa chenille vit sur le plantain et la pensée sauvage; elle est brune, avec une ligne blanche sur le dos. La chrysalide est parsemée de petits points dorés.

L'A. TABAC-D'ESPAGNE (*A. Paphia*) est une

des plus jolies espèces du genre. Le dessus des ailes est couleur de tabac d'Espagne dans le mâle, fauve verdâtre dans la femelle, avec quatre lignes

Fig. 17. — Chenille et Chrysalide
d'Argynne Tabac-d'Espagne.

noires. Les ailes antérieures ont en outre quelques raies et plusieurs rangées de taches noires. Le dessous des ailes inférieures est glacé de vert, avec

quatre bandes argentées. Cette espèce, qui vole
dans tous les bois, de la fin de juin jusqu'en septembre, montre une véritable prédilection pour les
fleurs du chardon et de la ronce. La chenille
(fig. 17), très-épineuse, est d'un rouge-brique,
avec une ligne blanche bordée de noir; elle vit sur

Fig. 18. — Argynne Aglaé.

la pensée sauvage. La chrysalide est grisâtre, avec
des tubercules argentés ou dorés.

L'A. AGLAÉ (*A. Aglaia*, fig. 18), vulgairement *Grand-Nacré*, jolie espèce qui vole de la
fin de juillet à la fin d'août, a le dessus des ailes
d'un brun orangé, avec trois bandes noires transversales. Dans la première paire, le dessous est

comme chez la *Paphia,* mais avec plusieurs taches argentées à l'extrémité. Dans les secondes ailes, il est orné de vingt et un points argentés sur un fond partiellement jaunâtre, partiellement brun et vert-olive. La femelle est de teintes généralement plus foncées que le mâle. La chenille, qui vit sur la violette, est très-semblable à celle du Tabac-d'Epagne; il en est de même de la chrysalide. L'Aglaé se trouve partout, sur les collines découvertes et exposées au vent comme dans les bois fourrés; elle aime à se reposer sur les ronces et les chardons en fleur.

L'A. ADIPPÉ (*A. Adippe*) ne diffère guère de l'espèce précédente que par l'absence de points argentés au-dessous des premières ailes et par la teinte un peu moins verdâtre des secondes; elle présente en outre une rangée transversale d'yeux ferrugineux devant les taches du bord marginal. Ce papillon vole, en juillet, dans les bois et les terrains incultes; comme l'Aglaé, il vole très-rapidement, et sa capture exige beaucoup d'agilité et d'adresse. La chenille est grisâtre, avec des points noirs sur le dos; elle se nourrit des feuilles de la violette. La chrysalide est rougeâtre, tachetée d'argent.

L'A. Collier argenté (*A. Euphrosyne*),
plus petite que toutes celles qui précèdent, a le
dessus des ailes fauve, avec des taches noires. En
dessous, les secondes ailes sont rougeâtres, avec
deux bandes jaunes, dont l'antérieure est un peu
nacrée inférieurement. Cette espèce paraît d'abord
à la fin de mai, puis en août. On la rencontre principalement dans les bois et le long des haies. La
chenille est noire, rayée de blanc, avec les pattes
écailleuses rouges. Elle vit sur les diverses espèces
de violettes.

L'A. Séléné (*A. Selene*) ressemble tellement
en dessus à l'*Euphrosyne*, qu'il est très-difficile
de ne pas confondre ces deux espèces à la première vue; mais, en dessous, elle diffère par des
taches argentées plus nombreuses et par un bord
marron foncé. C'est un papillon sylvain, comme
le précédent, et qui paraît aux mêmes époques. Sa
chenille et sa chrysalide diffèrent à peine de celles
de l'*Euphrosyne*.

L'A. Petite-Violette (*A. Dia*, fig. 19), très-
commune en France, a les ailes fauves en dessus,
avec des taches noires assez grandes. Le dessous
des supérieures est d'un fauve plus clair, avec le

bord terminal entrecoupé de jaune et de ferrugineux. Celui des inférieures est parsemé de six ou sept taches argentées parmi lesquelles on en voit de jaunâtres; le bord est gris de perle. Cette espèce paraît à la fin d'avril, puis en juillet et août; elle vole dans les clairières des bois secs. Sa chenille se trouve en septembre sur les violettes.

Fig. 19. — Argynne Petite-Violette.

Genre MÉLITÉE (*Melitæa*). Les Mélitées sont de jolis papillons sylvains, de taille moyenne, à vol très-bas et rapide. Leurs ailes, entières ou à peine dentelées, ne sont jamais ornées de taches argentées, comme celles des Argynnes. Leurs couleurs sont le noirâtre et le fauve, disposés de telle sorte que les ailes présentent sur leur surface de petites tâches en échiquier qui ont fait donner à ces Lépidoptères le nom de *Damiers*. Les chenilles, garnies de tubercules charnus couverts d'épines courtes et finement rameuses, ont des habitudes peu différentes de celles des Argynnes ; quelques-unes, quand on les approche, se courbent en arc et se laissent tomber à terre ; beaucoup d'entre elles vivent en famille sur des plantes basses, sous une tente soyeuse qu'elles tissent et qui sert à les protéger contre les intempéries des saisons ; quand elles ont fait table nette, elles vont en société chercher une nouvelle station, qu'elles recouvrent d'un nouveau tissu. Au moment de se métamorphoser, elles se dispersent par petits groupes.

La M. CINXIA (*M. Cinxia*) a les ailes d'un brun terne et réticulées de noir. Le dessous est blanc jaunâtre vers l'extrémité, dans la première paire ; dans les ailes inférieures, il présente cinq bandes transversales, dont la deuxième et la quatrième d'un fauve roussâtre et les trois autres d'un jaune pâle ; toutes les cinq sont bordées de noir. Cette Mélitée est un des papillons les plus communs de nos bois, surtout aux environs de Paris ; elle paraît dès la première ou la seconde semaine de mai, et l'on en voit fréquemment jusqu'à la fin d'août. Sa chenille est noire, avec la tête et les pattes rouges ; elle se trouve, en avril, août et septembre, sur le plantain à feuilles lancéolées. Dans son jeune âge, elle vit en société et passe l'hiver sous une enveloppe soyeuse.

La M. ATHALIA (*M. Athalia*), très-voisine de la précédente, en diffère par l'absence de bordure noire aux bandes transversales des ailes inférieures. Elle vole, de mai à juillet, dans les clairières de tous nos bois. Sa chenille noire, à épines couleur de rouille, vit sur diverses espèces de plantains, dans les bois un peu ombragés.

La M. ARTÉMIS (*M. Artemis*) a les ailes d'un brun noirâtre, avec des taches jaunes et des taches fauves disposées par bandes transversales. Le dessous des premières ailes est luisant, avec des taches semblables à celles du dessus, mais moins prononcées. Le dessous des secondes ailes est fauve, avec trois bandes d'un jaune terreux, bordées d'un filet noir. Cette espèce se montre principalement dans les bois humides et exposés au nord, depuis le commencement de mai jusqu'à la mi-juin. La chenille est noire, avec les pattes brun rougeâtre ; elle vit en société, protégée par une tente de soie, sur les feuilles du plantain, de la scabieuse et de quelques autres plantes.

La M. Didyma (*M. Didyma*, fig. 20) est d'un fauve plus ou moins rouge chez le mâle, plus ou moins obscur chez la femelle. Les quatre ailes sont marquées de taches noires, dont les antérieures sont irrégulières ; les postérieures lunulées, formant une ligne transverse, derrière laquelle

Fig. 20. — Mélitée Didyma.

il y a une autre ligne noire terminale et ayant le côté interne denté. Cette espèce, qui vole pendant les mois de juin, juillet et août, est assez commune dans le midi, le centre et l'est de la France. La chenille se trouve en mai ou juin, selon les localités, sur les plantains, la linaire vulgaire, etc.

Genre VANESSE (*Vanessa*). Ce genre renferme

de grands et beaux papillons qui vivent de préférence dans le voisinage des habitations, les jardins, les promenades, les campagnes découvertes, etc., et ne se trouvent que très-rarement dans
les bois. Leur vol est vif, rapide, mais de courte
durée. Les chenilles sont épineuses et les chrysa-

Fig. 24. — Vanesse Gamma.

lides, presque toujours ornées de taches d'or ou
d'argent, sont quelquefois entièrement dorées.

La V. GAMMA (*V. C. album*, fig. 24), vulgairement appelée *Robert-le-Diable*, est aisée à reconnaître aux dentelures singulières de ses ailes, qui
semblent toutes déchiquetées. Elles sont fauve
sombre en dessus, avec des taches noires ou
brunes, et brun obscur en dessous, parsemé de

petits points verts. La seconde paire est en outre
marquée d'une tache blanche en forme de C ou de
G, qui a valu à cette espèce son nom de *Gamma*.
La femelle est un peu plus pâle que le mâle et ses
ailes sont moins profondément découpées. Cette
Vanesse vole de juillet à la fin d'août, et quelques
individus hybernants se montrent parfois en mai ;
elle est très-difficile à *forcer* et l'on ne s'en rend
maître aisément que par surprise. La chenille,
jaunâtre et très-épineuse, porte sur les côtés de la
tête deux tubercules en forme d'oreille ; elle est
d'un brun rougeâtre, avec une bande blanche sur
le dos, ce qui lui a valu le nom vulgaire de *Be-*
*deaude*, par comparaison avec l'habit des bedeaux
de quelques églises. On la trouve sur l'orme, le
saule, le houblon, l'ortie, etc. La chrysalide est
brunâtre, avec des points dorés.

La V. DE L'ORTIE (*V. urticæ*) est une jolie espèce, la plus commune du genre. Les ailes sont
d'un fauve vif avec une bordure brunâtre coupée
d'une ligne noire et surmontée d'une bande également noire et ornée de lunules bleues. Les supérieures ont six taches noires dont trois touchant à
la côte, séparées par des éclaircies jaunes, et sui-

vies, à l'angle apical, d'une tache parfaitement blanche. Les inférieures ont la base noirâtre. Cette espèce commence ordinairement à se montrer en juin, et on la voit constamment voler depuis cette époque jusqu'à octobre, dans les champs, les jardins, sur le bord des chemins, etc. Toutefois, des individus hybernants se font assez fréquemment remarquer dès le printemps. M. Bauning, entomologiste anglais, rapporte, dans le *Zoologist*, que le 26 décembre 1855, jour qui fut remarquablement beau et chaud pour cette époque de l'année, il vit s'abattre dans la cour de sa ferme, à Ballacraine (île de Man) toute une bande de *Vanessa urticæ;* il en récolta plus d'une soixantaine, qu'il parvint à conserver pendant un laps de temps assez considérable en les nourrissant avec du sucre en poudre répandu sur des feuilles de choux. La chenille de cette Vanesse, qui vit en troupes nombreuses sur l'ortie, est grisâtre, avec une bande noire sur le dos et des stries brunes et jaunes sur les côtés. La chrysalide est ordinairement brune, avec des taches dorées; mais il n'est pas rare d'en trouver de complétement dorées.

La V. Polychlore (*V. polychloros*), vulgaire-

ment nommée la *Grande-Tortue*, ressemble éton-
namment à la précédente, dont on peut toutefois la
distinguer par l'absence de la tache blanche qui
orne l'angle apical des ailes supérieures chez la
*V. urticœ*. Ce papillon vole principalement sur

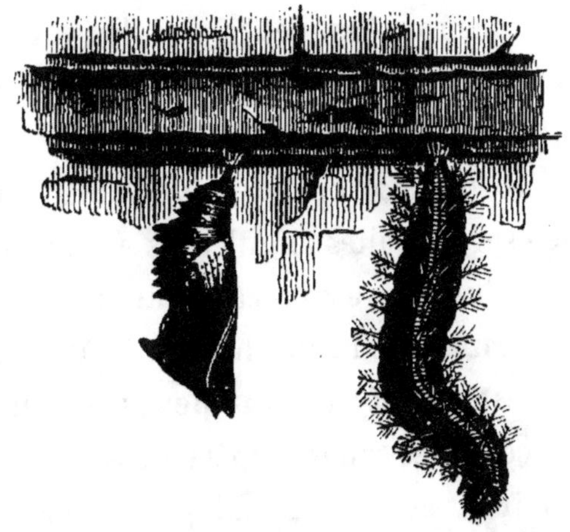

Fig. 22. — Chenille et Chrysalide de Vanesse
polychlore.

les routes et les promenades plantées d'ormes, de
juillet à septembre. Des individus hybernants se
montrent parfois dès le mois de mars. La chenille
(fig. 22) est bleuâtre, avec une ligne fauve sur le
côté ; ses épines sont jaunâtres et légèrement
ramifiées. Dans le jeune âge, elle vit en société

8

sous une toile soyeuse ; mais, après la première
mue, les chenilles se dispersent ; on les trouve sur
le chêne, l'orme, le saule et quelques arbres fruitiers. M. Boscher, de Twickenham, a remarqué
que celles qui sont nourries exclusivement avec les
feuilles du saule donnent ordinairement des papillons beaucoup plus petits que les autres. La
chrysalide est couleur chair, avec des taches
dorées.

La V. Io (*V. Io*) ou *Paon-de-Jour*, est une
très-belle espèce à ailes anguleuses et dentées ; le
dessus est d'un fauve rougeâtre, avec une grande
tache en forme d'œil sur chacune ; l'œil des supérieures est rougeâtre au milieu, avec un cercle
noir ; la côte des ailes supérieures porte deux
bandes noires, courtes et obliques, séparées par
une petite tache jaune. Cette Vanesse habite les
champs de luzerne, les jardins, etc. ; elle vole
d'août à octobre, et hyberne assez fréquemment.
La chenille, qui vit en société sur l'ortie et le
houblon, est d'un brun-noir luisant, couverte
d'épines simples, avec des points d'un blanc
bleuâtre et les pattes membraneuses d'un gris ferrugineux. La chrysalide est grisâtre, tachetée d'or.

La V. Antiope (*V. Antiopa*, fig.  23), communément appelée le *Morio*, se reconnaît facilement
à ses ailes anguleuses d'un noir-pourpre foncé,
avec un large bord jaunâtre, en dedans duquel
règne une série de points bleus. Les premières
ailes portent deux tâches jaunes vers l'extrémité

Fig. 23. — Vanesse Antiope.

de leur côte. Ce papillon, qui habite les prairies
et les lieux cultivés, ne sort de la chrysalide qu'assez
tard en saison, dans le commencement d'août et
jusqu'en octobre ; mais beaucoup d'individus hy-
bernent et se montrent au printemps suivant. On
en voit assez fréquemment qui, posés sur des fruits
trop mûrs et déjà en partie gâtés, paraissent en

savourer le suc avec tant de délices, qu'ils oublient
de veiller à leur  sûreté et qu'on peut alors les
saisir très-facilement. La chenille est épineuse,
noire, avec des points blancs et une rangée de tâches rouges sur le dos. La chrysalide, très-anguleuse, est noirâtre, avec des points fauves. Comme

Fig. 24. — Vanesse Atalante.

la chenille du Morio vit principalement sur le
bouleau, c'est dans les  lieux plantés de cet arbre
qu'il convient de chercher le papillon ; mais on la
rencontre aussi sur les saules et les peupliers.

La V. Vulcain (*V. Atalanta*, fig. 24) rappelle,
par la vivacité de ses nuances, le riche coloris des
papillons exotiques. Ses ailes, dentées  et un peu

anguleuses, sont noires en-dessus, traversées par une bande d'un beau rouge, avec des taches blanches sur les supérieures ; le dessous est marbré de diverses couleurs. Ce papillon est très-commun, depuis le commencement d'août jusque très-tard en octobre, dans les champs et les jardins, où il semble rechercher le voisinage de l'homme. Hardi et folâtre, il vient parfois se poser insolemment à quelques mètres du chasseur, mais ne s'en laisse pas plus facilement attraper pour cela. Toutefois, on peut le surprendre sans trop de peine quand il est arrêté sur le tronc des arbres cariés, dont il aime beaucoup les sucs. Sa chenille, qui vit sur l'ortie, est d'un gris jaunâtre, avec des lignes franchement jaunes sur les extrémités. La chrysalide est brune, avec des points dorés.

La V. Belle-Dame (*V. Cardui*) est encore une fort jolie espèce, très-commune, de mai à septembre, dans les champs et les lieux incultes où croissent les chardons qui servent de nourriture à la chenille (d'où son nom de *Cardui*). Le dessus des premières ailes est brun obscur à la base, fauve rougeâtre au milieu, avec une bande noire, oblique et anguleuse ; l'extrémité est tachée de noir et de blanc. Le dessous est marbré de gris, de jaune et de brun. Cette Vanesse est peu craintive et, bien que légère dans ses allures, elle se laisse facilement attraper ; quand on la manque, elle s'éloigne peu et ne tarde pas à se poser de nouveau. La chenille, qui est brune, avec des lignes jaunes sur le dos et les côtés, ne se trouve guère que sur les chardons ; elle se tient à la bifurcation des branches, enveloppée dans un réseau, et ronge le parenchyme des feuilles qu'elle peut atteindre en sortant à moitié de cet abri. La chrysalide est brune et grise, avec des points dorés.

Genre LIMÉNITE (*Limenitis*). Ce genre détaché des Nymphales de Linné, est caractérisé par des ailes denticulées, des antennes de la longueur du corps, à massue grêle, et des palpes velus à peine plus longs que la tête.

La L. Sibylle (*L. Sibylla*, fig. 25), nommée aussi le *Deuil* ou le *Petit-Sylvain*, habite les bois et principalement ceux où le chêne abonde ; le dessus des ailes est brun noirâtre, avec une bande de taches blanches sur le milieu ; le dessous des inférieures est d'un bleu cendré à la base, avec des tâches noires. On rencontre ce papillon du 15 juin à la fin de juillet. Son vol est léger et gracieux. Il tournoie et se pose fréquemment sur les branches des taillis. La chenille, qui vit sur le chèvrefeuille des bois, est assez singulière : de couleur verte, elle porte de grosses épines ramifiées et des stigmates bruns très-apparents. La chrysalide,

Fig. 25. — Liménite Sibylle.

fort anguleuse, est gris foncé, avec des bandes et des tâches argentées.

Genre NYMPHALE (*Nymphalis*). Ce genre a pour caractères : des antennes longues, en massue; des palpes très-courts; un corselet robuste et des ailes très-amples, les supérieures sinuées, les inférieures denticulées. L'espèce type est la N. DU

PEUPLIER (*N. nopuli*, fig. 26), vulgairement le *Grand-Sylvain*, qui habite surtout le nord et l'est de la France. C'est un papillon de cinq à six centimètres d'envergure, aux ailes d'un brun noirâtre en dessus, avec une bande de taches blanches sur le milieu, une rangée de croissants fauves vers

Fig. 26. — Nymphale du peuplier.

le bord postérieur et deux rangées de taches bleuâtres près de ce bord sur les inférieures. Cette Nymphale vole ordinairement très-haut et se laisse d'ailleurs difficilement approcher ; on la rencontre, du 15 au 20 juin seulement, dans les grandes forêts, où elle habite le sommet des bouleaux et des trembles. Elle vole rapidement et en planant,

comme toutes les Nymphales, depuis huit heures
du matin jusqu'à onze heures, et elle reparaît
quelquefois, quand le temps a été très-chaud, vers
trois heures et demie de l'après-midi. Elle descend alors sur les routes, où elle recherche le sol
humide. Ce papillon est toujours attiré par les matières stercoraires des chevaux et des bestiaux, et
quand on l'en éloigne il y revient promptement.
La femelle est plus difficile à attraper que le mâle,
parce qu'elle quitte peu le sommet des arbres, et
ce n'est que vers le soir qu'elle descend volontiers.
La chenille est verte et se tient, en mai, à la cime
des arbres (saules, peupliers, trembles) dont elle
dévore les feuilles. La chrysalide est très-anguleuse,
avec le dos caréné.

La Nymphale du peuplier est assez rare aux environs de Paris. On le trouvait jadis communément dans la forêt d'Armainvilliers, à un quart de
lieue d'Ozouer-la-Ferrière, près de la Pyramide ;
mais depuis la fameuse trombe du 18 juin 1839,
qui brisa tous les gros trembles de la route, ce ma-
gnifique papillon est devenu aussi rare dans cette
localité qu'il y était commun auparavant. Les meilleures localités pour le prendre, dit M. Berce, sont

les bords du canal de l'Ourcq, entre le pont des Six-Routes et le pont de Rougemont, l'allée de Rougemont et la grande avenue qui fait face aux Six-Routes, sur le côté gauche du canal en venant de Paris, dans la forêt de Bondy, celle de Compiègne, et l'allée des Mulets située à l'extrémité de la pièce d'eau des Suisses, près de la statue du Cavalier Bernin, dans le parc de Versailles. On le trouve encore, mais très-rarement, dans les bois de Meudon.

Genre APATURE (*Apatura*). Les Apatures sont de jolis papillons propres aux bois humides d'une certaine étendue ; elles sont à peu près étrangères au Midi de la France, où les forêts sont, en général, trop sèches pour qu'elles puissent s'y propager. Leurs ailes, très-amples, sont ornées de taches ocellées, avec un reflet violet des plus vifs chez les mâles. Les chenilles, en forme de limaces, ont la tête surmontée de deux cornes épineuses, et la partie anale munie de deux petites pointes conniventes. Comme celles de toutes les grandes espèces de Nymphalides qui vivent au sommet des arbres élevés, elles se cramponnent à des fils de soie

dont elles enduisent les feuilles, afin de ne pas
tomber par l'effet du vent.

L'A. Grand-Mars ¸(*A. Iris*, fig. 27) a les ailes
dentées, d'un brun noirâtre, avec des taches blanches aux supérieures et une bordure de même couleur aux inférieures. Elle paraît du 20 juin à la

Fig. 27. — Apature Grand-Mars.

mi-juillet, et recherche surtout les bois de chênes,
où elle se tient presque toujours à la cime des arbres. Son vol, favorisé par des ailes robustes, est
rapide et puissant. Souvent, dans le milieu du
jour, on voit les mâles de cette belle espèce se livrer, très-haut dans les airs, à de longs ébats durant lesquels il faut renoncer complétement à leur

faire la chasse. Quant aux femelles, dont les ailes ont plus d'ampleur encore que celles des mâles, elles se tiennent presque tout le jour sous la voûte feuillée des chênes, où il est très-difficile de les apercevoir. Aussi les collectionneurs ne parviennent-ils guère à s'emparer que d'une seule femelle contre dix mâles, qui pourtant ne se laissent pas aisément capturer. Autrefois, les amateurs se servaient, pour cette chasse, d'un filet attaché à l'extrémité d'une perche de vingt-cinq à trente pieds de long, au moyen duquel ils parvenaient à saisir le papillon, pendant les courts instants où il se pose sur les hautes branches bien exposées au soleil. Mais, outre qu'un pareil engin est peu commode à transporter, il n'est guère plus facile à manier lestement : aussi l'a-t-on généralement abandonné depuis la découverte d'une ruse qui donne d'assez bons résultats, et que nous signalerons à nos lecteurs au moins pour son originalité. Cette ruse consiste à tirer parti de la prédilection du Grand-Mars pour le gibier de haut goût, c'est-à-dire qu'en attachant un morceau de viande très-faisandée à un arbre au sommet duquel vole quelque Apature, on ne tardera pas à voir l'insecte

s'abattre sur cette odorante friandise pour en savourer le suc, et cela si avidement, qu'il devient alors
facile de s'approcher sans être vu , et de terminer
tragiquement le festin en saisissant le gourmet
d'un coup de filet rapidement donné. Bien qu'à
l'état d'insecte parfait, le Grand-Mars se tienne
presque constamment autour des chênes, ce n'est
guère que sur le peuplier et le tremble, à l'extrémité des branches, qu'il faut chercher sa chenille ;
cependant nous l'avons trouvée quelquefois sur le
saule Marceau. On la récolte de mai à juin ;  elle
est verte, rayée de jaune sur les côtés. La chrysalide, que l'on trouve sur les mêmes arbres que la
chenille, suspendue sous une feuille, est d'un vert
tendre.

L'A. Petit-Mars (*A. Ilia*) est un peu plus petite
que la précédente. Elle a les ailes dentelées, d'un
brun noirâtre, avec des taches sur les supérieures
et une bande sinueuse sur les inférieures, de couleur orange, quelquefois blanche. Les supérieures
portent vers le milieu un œil noir bordé d'un cercle orangé. Le. dessous des inférieures offre de
deux à quatre petits points noirs vers leur base.
Cette jolie Apature se trouve surtout dans les bois

humides, mais très-fréquemment aussi dans les prairies plantées de saules et de peupliers, particulièrement le long des cours d'eau. Elle est très-commune aux environs de Paris, et la véritable époque de son apparition est du 25 juin au 10 juillet. La variété orange est généralement plus commune que celle à bande blanche. La chenille se trouve en mai et juin sur les saules et les peupliers; elle est d'un vert cendré et donne une chrysalide vert jaunâtre.

## SATYRIDES. — SATYRIDÆ

Cette famille est caractérisée par des antennes plus ou moins longues et des palpes allongés et velus. Chez toutes les espèces qui la composent, les ailes, où dominent le jaune, le faune et le brun, sont bordées de taches arrondies en forme d'œil, à prunelle fermée, à pupille claire. Les grandes espèces vivent dans les bruyères et les lieux secs; d'autres préfèrent les allées sombres et humides des grands bois; quelques-unes, au contraire, ne se rencontrent que dans les sentiers découverts,

sur le bord des fossés et près des murs au pied
desquels croissent des touffes d'herbe.

Les chenilles de ces lépidoptères, tantôt lisses,
tantôt pubescentes, sont vertes ou jaunâtres, avec
des rayures longitudinales ; amincies postérieurement, elles offrent de chaque côté de l'anus deux
petites pointes coniques, ce qui leur donne quelque ressemblance avec une queue de poisson. Bien
qu'abondantes, elles sont difficiles à découvrir,
car elles se cachent avec soin pendant le jour ;
mais si l'on parcourt les prairies avec une lanterne
pendant la nuit, on les voit dévorant les tiges du
gazon. Les graminées forment leur principale
nourriture.

Les chrysalides ont une forme cylindrique ; elles
sont grisâtres et peu anguleuses ; celles de quelques grandes espèces sont posées à nu sur le sol,
mais toutes les autres sont suspendues par la
queue. Les Satyrides ont des représentants dans
tous les pays. Leur vol est ordinairement rapide,
mais saccadé et sautillant.

Ailes à fond blanc, avec bandes et taches noires..... ARGE.

Ailes à fond brun ou roux, avec taches plus foncées ou plus claires :

 Antennes terminées par un bouton ou une massue peu ou point aplatie; nervures des ailes plus ou moins renflées à leur origine........ SATYRE.

 Antennes terminées par une massue ovale, très-distincte de la tige et très-aplatie; pas de dilatation sensible à l'origine des nervures des ailes.. ..................................... ÉRÉBIE.

**Genre ARGE** (*Arge*). Les Arges sont d'assez grands papillons à antennes presque aussi lon-

Fig. 28. — Arge Galathée.

gues que le corps; à palpes grêles garnis de longs poils raides; à ailes arrondies. Presque tous habitent le Midi. Nous ne citerons que l'A. Galathée (*A. Galathea*, fig. 28), vulgairement *le Demi-*

*Deuil*, qui se trouve communément dans les bois, au mois de juin. Ses ailes sont d'un blanc jaunâtre en dessus avec des taches et des bandes noires formant d'élégantes marbrures. Le dessous des ailes offre à peu près les mêmes dessins, mais les parties noires sont presque réduites à de simples lignes. Cet insecte est très-localisé; on le trouve abondamment sur certains points, tandis qu'il fait complétement défaut dans d'autres localités très-voisines, semblables d'aspect et de même nature. Il recherche surtout les clairières herbues des bois et les prairies qui les avoisinent. La chenille est verte avec trois lignes longitudinales obscures, la tête brune et deux petites épines rouges à la fourche de l'anus. Elle vit sur la *flouve des prés*. La chrysalide est ovoïde, jaunâtre, avec deux taches noires de chaque côté de la tête.

Genre ERÉBIE (*Erebia*). Ce genre comprend des papillons de montagnes, nombreux dans les Alpes françaises, les Pyrénées, etc. Les ailes sont arrondies, plus ou moins velues à leur base, d'un brun noirâtre.

L'E. Ligea (*E. Ligea*) habite les montagnes

du Dauphiné, de l'Auvergne, etc., où on la trouve en juillet. Ses ailes sont d'un brun foncé de part et d'autre, et elles ont parallèlement à leur bord postérieur une bande ferrugineuse marquée d'yeux noirs à prunelle blanche. La chenille est vert clair, avec des rayures longitudinales brunes et blanches. La chrysalide est inconnue.

L'E. Cassiope (*E. Cassiope*), plus petite que

Fig. 29. — Erébie Euryale femelle.

la précédente, a les ailes d'un brun noirâtre, avec une bande ferrugineuse interrompue par les nervures. Elle habite les Alpes. Les mâles paraissent dès le mois de juin, mais les femelles ne se montrent guère qu'en juillet, quelquefois même en août. La chenille et la chrysalide sont inconnues.

L'Érébie Euryale (*E. Euryale*, fig. 29) a le dessus des ailes d'un brun chatoyant, avec une bande

ferrugineuse, marquée de trois petits yeux noirs
dans la première paire. Cette espèce habite les mêmes régions que les précédentes.


Genre SATYRE (*Satyrus*). Ce genre, caractérisé surtout par la dilatation plus ou moins prononcée des nervures des ailes à leur base, renferme
de nombreuses espèces que l'on a réparties en six
groupes désignés sous des noms faisant allusion à
leur habitation.

SYNOPSIS SPÉCIAL DU GENRE SATYRE

*Antennes d'une seule couleur :*

 Antennes à tige forte, se formant insensiblement en une massue presque fusiforme ;
  nervures costale et médiane également dila-
  tées à leur origine, yeux glabres ; espèces  HERBICOLES.

 Antennes grêles, à massue pyriforme, nervure costale très-renflée à son origine ; la
  médiane seulement un peu dilatée, yeux
  glabres; espèces...................... ÉRICICOLES.

 Antennes grêles, à massue en bouton ; nervures costale et médiane très-renflées également à leur origine ; yeux glabres ; espèces. RUPICOLES.

*Antennes annelées :*

 Antennes annelées de blanc, à bouton pyriforme ; nervures costale et médiane également renflées, yeux pubescents ; espèces  VICINICOLES.

Antennes annelées de blanc, mais à massue
allongée; nervure costale plus dilatée que
la médiane; yeux pubescents; espèces.... RAMICOLES.

Antennes annelées de gris et de roux, à
massue allongée, pyriforme; les trois nervures des ailes très-renflées également;
yeux glabres; espèces................... DUMICOLES.

HERBICOLES (de *herba*, herbe, et *colere*, habiter).
— Les espèces qui représentent ce groupe sont
surtout communes dans les terrains incultes où
croissent de hautes herbes.

Fig. 30. — Satyre Myrtile.

Le S. MYRTILE (*S. Janira*, fig. 30) est peut-
être la plus commune de toutes les espèces indigènes; c'est ce papillon, d'un fauve noirâtre et
chatoyant, que l'on voit, de juin à la fin d'août,
voltiger constamment, par le beau temps comme

dans les jours sombres, au milieu des prairies émaillées de fleurs comme sur le versant des collines arides. Dans nos départements méridionaux, ce lépidoptère est un peu plus grand et plus fortement coloré que dans le nord de la France; mais ce n'est nulle part un bien joli insecte; les premières ailes ont à leur partie antérieure un œil noir à prunelle blanche; chez le mâle, cet œil est petit et entouré d'un cercle roussâtre; chez la femelle, il est grand et placé sur une large bande fauve. Les secondes ailes sont sans taches dans le mâle, mais elles offrent ordinairement, dans la femelle, un point fauve sur leur milieu. La chenille de ce Satyre est verte, avec une ligne blanche de chaque côté.

Le S. AMARYLLIS (*S. Tithonius*) a les ailes fauves, avec le pourtour et la base d'un brun obscur; les supérieures présentent en outre une bande transverse brune et, près de l'angle apical, un œil noir à double prunelle. Bien que moins commun que le précédent, ce Satyre est encore une espèce très-répandue, qui paraît en juillet et août. Il vole mal et se laisse facilement attraper. Sa chenille est gris verdâtre, avec la tête rouge, deux lignes plus claires sur les côtés et une autre plus foncée sur le dos.

ERICICOLES (de *erica*, bruyère, et *colere*, habiter). — Les espèces de ce groupe sont peu nombreuses et n'habitent que les localités où croissent les bruyères. Nous citerons seulement :

Le S. ACTÉON (*S. Actœa*), qui paraît en juin et juillet, et se rencontre surtout dans le centre et le midi de la France. Ses ailes sont d'un brun noirâtre, chatoyant et jetant un léger reflet violet. Les ailes supérieures présentent deux yeux à prunelle blanche à leur extrémité chez les femelles, et un seul chez les mâles.

RUPICOLES (de *rupes*, roche). — Ces Satyres fréquentent de préférence les rochers et les collines arides.

Le S. ARACHNÉ (*S. Fauna*) a les ailes d'un brun noirâtre, avec deux gros points noirs entourés de blanc à leur partie antérieure. Le bord terminal des secondes ailes est longé par une raie de quatre ou cinq petits points blanchâtres, dont le postérieur est cerclé de noir. Ce Satyre est très-commun au mois d'août dans les environs de Paris.

Le S. Sylvandre (*S. Hermione*) est une grande espèce qui vole en juillet et août, et qui varie suivant les localités qu'elle habite. Aux environs de Paris, ses ailes sont brunes, avec une bande postérieure d'un blanc sale, qui porte un œil noirâtre à prunelle blanche près de l'angle apical, dans les supérieures, et un autre semblable, mais plus petit, près de l'angle anal, dans les inférieures. Ce Satyre aime à se reposer contre le tronc des chênes, des bouleaux, etc. Il s'abat même souvent sur la poussière des routes. La chenille se trouve, en mai, sur diverses graminées; elle se cache pendant le jour sous les feuilles, les pierres, etc.

Le S. Hermite (*S. Briseis*), plus petit que le précédent, a comme lui les ailes brunes, avec une bande transverse d'un blanc sale; mais cette bande porte deux yeux noirs au lieu d'un dans la première paire; la côte est blanchâtre. Ce papillon est commun, dans toute la France, de juillet à la fin d'août.

Le S. Agreste (*S. Semele*, fig. 31) est une des plus jolies espèces de ce genre; ses ailes sont d'un brun foncé marqué de taches plus pâles, qui forment une bande irrégulière portant deux yeux noirs à prunelle blanche dans les supérieures, et un seulement dans les inférieures, près de l'angle anal. La femelle est sensiblement plus grande et de nuances beaucoup plus vives que le mâle, qui ne paraît à côté d'elle qu'un bien pâle et bien chétif compagnon. Quoique pourvu d'ailes robustes en apparence, ce Satyre a le vol peu rapide et se laisse

Fig. 31. — Satyre Agreste.

capturer sans difficulté. Il paraît en juin et juillet, et se voit encore en août dans les contrées élevées. On le trouve souvent posé sur le tronc des arbres cariés. C'est dans les bois arides qu'il faut toujours le chercher.

Vicinicoles (de *vicinus*, voisinage). — Les espèces de ce groupe se trouvent principalement le long des murs des habitations.

Le S. Ariane (*S. Mœra*), très-commun aux environs de Paris, a les ailes d'un brun obscur et traversées, près de leur extrémité, par une bande fauve formée de taches rapprochées. Cette bande porte, dans les ailes supérieures, un grand œil pourvu d'une double prunelle blanche et, dans les inférieures, deux autres yeux également noirs et pupillés de blanc. Cette espèce, qui se trouve en mai et juillet, affectionne les lieux secs et arides.

Le S. Mégère (*S. Megœra*) a les ailes fauves mélangées de brun, avec un œil noir pupillé de blanc, près de l'angle apical, dans les supérieures, et trois à cinq yeux noirs à prunelle d'un blanc bleuâtre disposés en ligne courbe sur les inférieures. Ce Satyre paraît d'abord en mai, puis en août et septembre. Il aime à se poser sur le chaperon des murs et sur les pierres en saillie des constructions rurales. Peu craintif, il ne s'envole guère à l'approche du chasseur que pour aller se poser de nouveau à quelques mètres de distance.

Le S. Tircis (*S. Ægeria*) est encore une espèce peu craintive. Suivez, en été, quelque allée couverte ou quelque sentier de piétons dans un bois peu éloigné d'habitations, et vingt fois pour une vous remarquerez un gentil papillon aux ailes brunes tachetées de jaune d'ocre, aux allures vives, qui, voltigeant à quelques pas devant vous, vous accompagnera pendant plusieurs minutes, conservant toujours la même distance, malgré de nombreux zigzags faits à droite et à gauche du chemin. Puis soudain, comme s'il était las de votre société, vous le verrez s'élever, changer de direction, vous passer au-dessus de la tête pour retourner sur ses pas, et disparaître bientôt à un détour du chemin. Ce papillon, c'est le Tircis, connu en Angleterre sous le nom d'*Argus des bois* (*the wood Argus Butterfly*), à cause de la rangée de trois ou quatre yeux noirs pupillés de blanc qu'il porte sur les taches jaunes de ses ailes inférieures. Un autre œil noir, également à point central blanc, occupe en outre le sommet des premières ailes. La chenille de ce Satyre est verte, avec de larges rayures blanches sur les côtés. Sa chrysalide, verte aussi, se trouve, en hiver, attachée aux tiges des graminées qui croissent sous les arbres.

RAMICOLES (de *ramus*, rameau). On ne rencontre

les espèces de ce groupe que dans les parties ombragées des bois, où elles voltigent de branche en branche.

Le S. Bacchante (*S. Dejanira*) est d'un brun grisâtre, avec une rangée courbe et transverse de cinq yeux noirs, cerclés de jaunâtre, vers l'extrémité des premières ailes, et trois à quatre yeux semblables vers l'extrémité des secondes. La base des quatre ailes est plus foncée que le reste du limbe. Ce Satyre paraît en juin et fréquente les allées couvertes des bois. Son vol est sautillant, ce qui le rend difficile à prendre. Il est commun aux environs de Paris, notamment dans les forêts de Saint-Germain et de Bondy, et ne se plaît que dans les lieux ombragés.

Le S. Tristan (*S. Hyperanthus*) est une des espèces qui offrent le plus de variétés parmi nos papillons indigènes. Le type qui se rencontre le plus communément a les quatre ailes d'un brun sépia, avec plusieurs points noirs cerclés de jaune sur chacune d'elles. Ce Satyre vole pendant les mois de juin et de juillet ; il est très-commun dans tous les bois de l'Europe. Sa chenille ressemble beaucoup à celle du *S. Tithonius*.

DUMICOLES (*dumus*, buisson.) La plupart des espèces qui représentent ce groupe ne se trouvent que dans les bois taillis, où elles voltigent sur les buissons.

Le S. MŒLIBÉ (*S. Hero*) est une petite espèce dont le fond des ailes est d'un brun terne. Les supérieures n'ont aucune tache dans le mâle, mais dans la femelle elles ont un œil noir à iris fauve. Les inférieures ont vers leur extrémité une rangée de quatre yeux semblables, ordinairement très-petits et manquant même chez beaucoup de mâles. Ce papillon vole de la fin de mai à la mi-juin. On le trouve en abondance, durant cette période, au bois de Notre-Dame, dans les clairières de la route impériale, près de la Queue-en-Brie. Il est également très-commun dans toute la forêt d'Armainvilliers, surtout dans les parties humides ; on le rencontre aussi, mais plus rarement, dans la forêt de Bondy, aux environs du Raincy et de Montfermeil, à Chaville, Clamart, etc.

Le S. CÉPHALE (*S. Arcanius*) a les premières ailes fauves avec l'extrémité brune, et les secondes ailes d'un brun obscur avec une tache jaunâtre placée à l'angle anal. Il est très-commun dans les bois du centre de la France.

Le S. Davus (*S. Davus*), quelquefois appelé le *Daphnis*, est fauve avec un point oculaire noirâtre au sommet des ailes supérieures des deux sexes, et deux à quatre points semblables vers l'extrémité des inférieures. Cette espèce est, du reste, sujette à de nombreuses variations, suivant les stations où on l'observe ; elle se montre de mai à juillet, principalement dans l'est de la France.

Le S. Pamphile (*S. Pamphilus*) a les ailes d'un fauve très-pâle, surtout les inférieures, qui sont marquées d'un point noir à leur partie antérieure. C'est un très-petit papillon qui se montre pendant tout l'été. Sa chenille est couleur vert-pomme, avec trois lignes longitudinales plus foncées et bordées de blanc.

### DEUXIÈME SECTION. — Hespéridinés

(Chrysalides enroulées.)

Cette section ne renferme qu'une seule famille, celle des Hespérides.

### HESPÉRIDES. — HESPERIDÆ

Les Hespérides constituent un groupe très-naturel formant le passage des Rhopalocères, ou pa-

pillons diurnes, aux Hétérocères, avec lesquels ils
offrent de nombreuses affinités, notamment par
leur habitude de rouler des feuilles pour s'y tenir
cachés à l'état de chenille, et aussi de s'enfermer
dans une sorte de cocon pour se chrysalider.
Comme beaucoup de Crépusculaires et de Nocturnes, ils ont la tête plus large que le thorax, et les
antennes très-écartées à leur point d'insertion, ce
qui les sépare du reste des Rhopalocères. Ils se
distinguent en outre des autres lépidoptères
diurnes par l'habitude qu'ils ont de ne relever dans
le repos que les ailes supérieures, de telle sorte que
les ailes inférieures semblent luxées ; ce qui a fait
donner à ces insectes le nom de *Papillons estro-
piés*. Leur vol étant rapide, mais saccadé et de
courte durée, ils semblent s'élancer en quelque
sorte, plutôt que voler, d'une fleur sur une autre ;
aussi portent-ils dans certains pays le nom de
*Sauteurs*. Tous sont des papillons de petite taille,
de robuste apparence, mais aux couleurs sombres.
Leurs chenilles, cylindriques et à tête fort grosse,
vivent, ainsi que nous l'avons dit plus haut, entre
des feuilles roulées ou repliées sur elles-mêmes ;
quelques-unes se retirent dans l'intérieur des tiges

creuses pour y passer l'hiver. Les chrysalides, de formes assez variées, sont également enveloppées dans des feuilles roulées et, de plus, maintenues par un léger réseau de soie.

SYNOPSIS

Abdomen plus long que les ailes inférieures :

    Ailes bordées d'une frange noire entrecoupée de blanc...................................... SYRICHTE.

    Ailes sans frange entrecoupée :

        Abdomen épais ; massue des antennes souvent terminées par une petite pointe courbée en dehors........................... HESPÉRIE.

        Abdomen très-grêle ; massue des antennes sans crochet au bout.................... STÉROPE.

Abdomen plus court que les ailes inférieures..... THANAOS.

Genre SYRICHTE (*Syrichtus*). — Peu de genres, au moins parmi les Rhopalocères, ont leurs espèces aussi mal connues et une synonymie plus embrouillée que celui-ci. Les Syrichtes, qui se distinguent des autres Hespérides principalement par la frange blanchâtre très-prononcée et entrecoupée qui entoure les ailes, sont surtout représentés en France par les deux lépidoptères suivants :

Le S. DU CHARDON (*S. Alveolus*, fig. 32), vulgairement *le Tacheté.* — Ses ailes sont d'un brun fauve foncé et à reflet verdâtre, avec de larges taches d'un blanc crémeux. Il paraît deux fois, en mai d'abord, puis en août, et se montre très-fréquemment dans les bois herbeux. La chenille, verdâtre, marquée de lignes blanches, vit sur le framboisier sauvage, la potentille, etc.

Fig. 32. — Syrichte du chardon.

Le S. FRITILLAIRE (*S. Fritillum*), vulgairement le *Plain-Chant.* — Ailes d'un brun noirâtre, avec deux rangées de taches blanches aux inférieures et une seule très-apparente aux supérieures, qui sont en outre parsemées de tachettes de la même couleur. Ce papillon vole, de juin à la fin d'août, dans les endroits secs et incultes.

Genre HESPÉRIE (*Hesperia*). — Les Hespéries ont pour caractères : une tête élargie, un thorax épais et un abdomen volumineux. Presque toutes ont leurs antennes terminées par un article en forme de crochet ou d'hameçon. Leurs ailes sont de médiocre grandeur; aussi est-ce surtout chez ces insectes que l'on remarque ce vol sautillant dont nous parlions plus haut. Les Hespéries volent en général dans l'après-midi, et elles fréquentent d'ordinaire le bord des grandes routes, les avenues des bois, les coteaux arides, etc.

Fig. 33. — Hespérie Sylvaine.

L'H. Bande-Noire (*H. Linea*) est un très-petit papillon dont les ailes sont fauves en dessus, avec les bords et les nervures noirâtres. Le mâle présente, en outre, vers le milieu des premières ailes une ligne noire oblique et étroite, d'où son nom de Bande-Noire. Cette espèce, très-commune, paraît en juillet. La chenille est verte, avec quatre lignes blanches; elle vit sur les graminées.

L'H. Sylvaine (*H. Sylvanus*, fig. 33) ressemble beaucoup à l'espèce précédente, mais elle est plus grande ; l'extrémité des ailes est brune, et la bande noire du mâle est plus large. Elle se montre, en mai et vers le commencement d'août, dans les bois humides. Sa chenille est verte, tachetée de noir.

L'H. Comma (*H. Comma*), très-voisine de l'*H. Sylvanus*, n'en diffère que par une taille un peu

Fig. 34. — Stérope Miroir.

plus grande, des couleurs plus vives et l'étendue plus grande de la nuance brune, qui, au lieu de former un simple bord, envahit presque entièrement les ailes inférieures. Elle vole en juillet et en août. La chenille est verte et rougeâtre, avec un collier blanc ; on la trouve sur diverses plantes légumineuses.

Genre STÉROPE (*Steropes*). — Contrairement

aux Hespéries, les Stéropes ont l'abdomen très-grêle, surtout dans les mâles, et les antennes dépourvues de crochet à l'extrémité.

Le S. Miroir (*S. Aracynthus*, fig. 34) a les quatre ailes brunes, avec quelques taches jaunâtres vis-à-vis du sommet des supérieures. On le trouve, de juin à la mi-juillet, dans les parties marécageuses des bois. Il est très-commun dans les clairières ombragées de la forêt de Chantilly, principalement près des étangs de Commelle, et se montre aussi en abondance auprès de la Faisanderie, dans la forêt de Sénart.

Le S. Echiquier (*S. Paniscus*) a les ailes d'un brun noirâtre à reflet vineux, avec une multitude de taches fauves, dont les antérieures sont plus grandes et les extérieures forment une rangée parallèle au bord terminal. Cette espèce, qui se trouve aux environs de Paris dans le mois de mai, habite les allées et les clairières des bois humides. La chenille est brune, avec un collier jaune et la tête noire; elle vit au mois d'avril sur le plantain et sur le *Cynosurus Cristatus*.

Genre THANAOS (*Thanaos*). — Ce genre n'est

représenté que par une seule espèce, le T. GRISETTE (*T. Tages*, fig. 35), petit papillon d'un brun-gris, avec quelques bandes ou taches un peu plus foncées, mais mal indiquées, et une rangée de petits points blanchâtres au bord terminal. Il se montre deux fois (en mai et août) sur le revers des collines, dans les bois secs, etc. La chenille, vert pâle, marquée de quatre lignes jaunes et de points noirs, se trouve en mai et septembre sur diverses légumi-

Fig. 35. — Thanaos Grisette.

neuses fourragères, entre autres le *Lotus Cornicu-latus.*

## HÉTÉROCÈRES

La nombreuse légion des papillons dits Hétérocères, ou Chalinoptères (*Voy*. les notes pages 44 et 48), est formée des deux groupes désignés autrefois sous les noms de Crépusculaires et de Nocturnes. Cette distinction ne pouvait être conservée dans une classification rigoureuse, attendu que beaucoup d'espèces, appartenant incontestablement à des types Crépusculaires, ont cependant des habitudes tout à fait diurnes, et d'autres, que leurs caractères classent parmi les Nocturnes, n'en volent pas moins aussitôt après le coucher du soleil. D'ailleurs, les prétendus Nocturnes, engourdis par la fraîcheur de la nuit, sont condamnés à un repos absolu jusqu'au lendemain, et la clarté de la lune paraît les blesser autant que celle du soleil. Dans les régions voisines des pôles, ils volent pendant le jour, mais partout ailleurs ils se montrent tous plus ou moins amis du crépuscule. Si, en général, leur livrée est plus sombre que celle des Diurnes, il est bon de remarquer que certaines espèces offrent des couleurs plus vives, des tons plus purs que chez ces derniers, surtout dans leurs ailes inférieures, qu'ils tiennent cachées sous les supérieures pendant le repos.

Linné, qui rangeait tous les Crépusculaires dans son genre Sphinx et les Nocturnes dans le genre Phalène, avait établi plusieurs sous-genres ou subdivisions de ces deux groupes, qui, plus tard, furent érigés en familles. Ces familles, aux caractères nettement dessinés, aux habitudes souvent bien tranchées, formaient une classification à la fois claire et précise; ce qui n'empêcha pas cependant les naturalistes ses successeurs d'y apporter de nombreuses modifications et de multiplier les subdivisions à l'infini, créant des familles presque pour chaque genre, des genres pour chaque espèce. Se montrant d'ailleurs fort peu d'accord dans leurs remaniements, ils en sont venus à désigner souvent le même insecte sous quatre ou cinq noms différents. De là, une synonymie d'autant plus décourageante pour les débutants qu'elle est compliquée d'une épouvantable cacophonie, les classificateurs s'étant généralement peu inquiétés de créer des noms de genres ou de familles élégants et faciles à retenir.

Nous ne les suivrons pas dans ce dédale inextricable. Il nous a paru bien préférable, dans un ouvrage aussi élémentaire que celui-ci, de conserver les grandes coupes primitives, si simples et si rationnelles. Nous décrirons soigneusement, pour chacune d'elles, toutes les espèces les plus curieuses, à quelque titre que ce soit; mais nous ne citerons guère que pour mémoire certains papillons, qui n'offriraient qu'un très-médiocre intérêt. Beaucoup de lépidoptères nocturnes sont si peu répandus, si peu remarquables, soit comme couleur, soit comme mœurs, qu'il serait superflu de nous y arrêter. Ce que nous dirons des autres sera d'ailleurs plus que suffisant pour la grande généralité de nos lecteurs, et leur permettra d'aborder facilement les traités les plus sérieux. Mais il n'est peut-être pas inutile de les prévenir que quiconque veut se livrer à une étude approfondie des lépidoptères doit posséder une patience à toute épreuve et une mémoire excellente pour ne pas s'égarer au milieu des difficultés créées un peu trop à plaisir par MM. les classificateurs.

En commençant la description des familles, nous avons donné les principaux caractères des Hétérocères. Comme celle des Rhopalocères, cette légion est divisée en deux sections : celle des *Sphingidinés*, qui correspond à l'ancienne famille des Crépusculaires, et celle des *Phalénidinés*, qui représente les Nocturnes.

### SYNOPSIS DES HÉTÉROCÈRES.

Antennes en massue allongée, en prisme
ou en fuseau........................ SPHINGIDINÉS.

Antennes allant en diminuant de la base
à l'extrémité, ou sétacées............. PHALÉNIDINÉS.


## PREMIER GROUPE. — Sphingidinés

### SYNOPSIS

Antennes cylindriques, plus ou moins fusi-
formes; ailes plus ou moins transparentes
ou vitrées, et en toit horizontal.......... SÉSIÉIDES.

Antennes prismatiques, presque toujours terminées par un petit crochet; ailes de consistance très-solide en toit incliné, les
supérieures longues et étroites, les inférieures très-courtes..................... SPHINGIDES.

Antennes plus ou moins renflées au delà du
mileu; ailes longues, étroites, en toit incliné et dont le sommet dépasse toujours
l'abdomen, quelle que soit la longueur de
celui-ci............................... ZYGÉNIDES.


## SÉSIÉIDES. — SESIEIDÆ.

Les Sésiéides sont, en général, de petits papillons
très-communs chez nous, et qui, pour la plupart,
volent en plein jour, par un soleil ardent. La dénomination de Crépusculaires leur convient donc
assez peu. Ils ont pour caractères : des antennes

cylindriques, tantôt simples, tantôt pectinées ou dentées; des palpes séparés du front, velus à leur base, et des ailes plus ou moins transparentes ou vitrées et disposées en toit horizontal dans le repos. Leurs chenilles, nues et vermiformes, blanches ou rosées, sont munies de deux plaques écailleuses, l'une sur le premier anneau, l'autre sur le dernier. Elles sont garnies de quelques poils rares, supportés par de petits tubercules. Ces chenilles rongent l'intérieur des tiges et des racines des végétaux, et s'y construisent la coque où elles doivent accomplir leur dernière transformation. Cette coque, composée de sciure de bois agglutinée, provenant des érosions de la chenille, se trouve tantôt au pied de l'arbre, tantôt à l'entrée de la galerie que celle-ci occupait, et où elle sait se hisser afin que le papillon sorte à l'air libre. Au sortir de sa chrysalide, les ailes de la jeune Sésie paraissent couvertes d'une fine poussière; ce sont les écailles ordinaires des ailes des papillons, mais si peu adhérentes qu'elles tombent aux premiers coups d'ailes de l'insecte.

La famille des Sésiéides comprend les deux genres Thyris et Sésie, dont voici les principales espèces :

10.

La THYRIS FENESTRÉE (*Thyris Fenestrina*), qui paraît en juillet, a les antennes presque filiformes, une tête large, un thorax globuleux et l'abdomen conique. Les quatre ailes sont d'un noir-brun dessus et dessous, ponctuées et rayées transversalement de fauve doré, avec deux taches centrales blanches et presque transparentes. Leur bord postérieur est garni d'une frange blanche entrecoupée de noir.

Les SÉSIES (*Sesia*) ont les antennes plus ou moins renflées au milieu, et souvent terminées par un petit bouquet de poils. La tête est plus étroite que le thorax, et celui-ci est plus large que l'abdomen, qui est cylindrique, allongé et souvent terminé en brosse plus ou moins épaisse, quelquefois trilobée. Les ailes sont étroites, allongées, les inférieures toujours entièrement transparentes (c'est là un trait caractéristique), les supérieures quelquefois plus ou moins opaques.

D'après leurs habitudes positivement diurnes, leur vol rapide comme celui des mouches et leurs formes générales, on prendrait volontiers les Sésies pour des Hyménoptères. La plupart das espèces volent, en plein soleil, sur les fleurs des prairies, sur le tronc des arbres de nos jardins, et il faut une certaine habitude pour pouvoir les saisir au filet, à cause de la vivacité de leurs mouvements.

La S. Scolieforme (*S. Scolieformis*) a les quatre ailes transparentes et bordées de noir-violet, avec une grande tache sur les supérieures et une petite lunule sur les inférieures. Cette espèce, qui se trouve fréquemment dans les environs de Paris, éclôt vers le milieu du printemps.

La S. Sphéciforme (*S. Spheciformis*) ne diffère guère de l'espèce précédente que par sa taille plus petite. On la trouve en juin sur diverses plantes, mais principalement sur le tronc du bouleau, où on la surprend de grand matin. Elle recherche aussi les clairières marécageuses des bois plantés d'aunes.

La S. Asiliforme (*S. Asiliformis*) a les premières ailes opaques, brunes en dessus, avec les nervures et la côte bleuâtres; les secondes sont transparentes avec nervures et bords bruns en dessus; toutes les quatre sont frangées de brun cendré. On trouve cette espèce, en mai et juin, appliquée contre les crevasses des troncs de peupliers.

La S. APIFORME (*S. Apiformis*, fig. 36), la plus grande des espèces indigènes, a les quatre ailes transparentes avec les nervures et un croissant sur les supérieures d'un brun ferrugineux. L'abdomen est jaune, avec les premier et quatrième anneaux

Fig. 36. — Sésie Apiforme.

noirs, et garnis d'un duvet brun. Ce papillon, qui présente l'aspect et la couleur de la Guêpe-Frelon, se trouve, de la fin de mai à la mi-juillet, sur le tronc des saules et des peupliers. Sa chenille attaque de préférence la base de la tige et les racines des mêmes arbres, et cause souvent de grands dégâts. On distingue facilement les ouvertures des galeries de cette larve, et les pelotes de parcelles

de bois mouillées de salive qui en sont expul-
sées.

## SPHINGIDES. — SPHINGIDÆ.

Cette belle famille comprend des lépidoptères
au corselet robuste , à l'abdomen large, le plus ordinairement cylindro-conique ; aux ailes robustes,
dont les supérieures sont longues et étroites, les
inférieures très-courtes ; aux antennes prismatiques, presque toujours terminées par un petit crochet. La trompe, assez courte chez quelques espèces , et dépassant à peine la longueur de la tête,
prend chez d'autres un développement considérable qui permet au papillon de puiser le miel des
fleurs sans être obligé de se poser. Aussi la chrysalide présente-t-elle chez ces insectes une sorte de
poche longue et étroite pour loger cet organe. Les
Sphingides ont presque tous le vol rapide et soutenu. Ils sont représentés en France par les genres
suivants :

Les MACROGLOSSES (*Macroglossa*, de μακρός,
long; et γλωσσα, langue) sont caractérisés par une
trompe de la longueur du corps, des antennes ter-

minées en massue, des ailes courtes, l'abdomen épais, aplati, garni latéralement de bouquets de poils, obtus et barbu à son extrémité. Ils volent rapidement et pendant le jour. Leurs chenilles finement chagrinées, à tête globuleuse, ont une corne sur le onzième anneau. Elles se métamorphosent sur la terre, sous quelque abri, dans une coque informe, composée de débris de feuilles sèches retenues par des fils de soie.

Le M. Fuciforme (*M. Fuciformis*), vulgairement *Sphinx-Bourdon, Sphinx vert aux ailes transparentes*, a en effet les quatre ailes transparentes complétement entourées d'une bande d'un ferrugineux pourpré. A l'exception d'une bande transversale située sur le milieu de l'abdomen et de la même nuance que le bord des ailes, tout le corps est d'un vert-olive en dessus. La brosse de poils qui termine l'abdomen a les côtés noirs. Cet insecte paraît deux fois par an, en mai et en juillet. Vous le verrez butiner sur la sauge des prés, dans les environs de Paris. Sa chenille vit sur les chèvrefeuilles; elle est chagrinée et d'un vert pâle. La corne est d'un rouge-brun et les stigmates sont noirs avec le milieu blanc. Cette chenille est facile à élever ; lorsqu'elle ne se métamorphose qu'en automne, elle passe l'hiver en chrysalide.

Le M. Bombyliforme (*M. Bombyliformis*) a, comme le précédent, le corps vert, mais les derniers anneaux de l'abdomen sont fauves ou jaunâtres ; la bordure des ailes supérieures est de la couleur du corps, et celle des inférieures, très-étroite, est d'un noir-brun. Cette espèce paraît également deux fois par an, au mois de mai d'abord, puis en août et septembre ; elle se plaît dans les allées et les clairières des bois humides.

Le M. Moro-Sphinx (*M. Stellatarum*, fig. 37), très-commun aux environs de Paris, au printemps et en automne, est le papillon le plus vif de la famille. Les premières ailes sont d'un brun cendré chatoyant en déssus, les secondes d'un fauve jaunâtre. Le dessus du corps est de la couleur des premières ailes, avec des taches jaunes, puis une tache noire sur l'abdomen et sur les côtés.

Bien que de nuances peu brillantes, cet insecte est infiniment plus intéressant que beaucoup d'espèces aux couleurs vives. On le reconnaît facile ment à l'extrême longueur de sa trompe, à la touffe très-large de poils qui garnit l'abdomen, mais sur-

tout à son vol tout particulier, qui rappelle celui
d'un Oiseau-Mouche ou, mieux encore, celui de nos
Taons. Tantôt il décrit de nombreux zigzags
avec une rapidité telle, que l'œil a peine à le suivre;

Fig. 37. — Macroglosse Moro-Sphinx.

tantôt il vole sur place comme certaines mouches.
Quand il butine, on le voit planer devant chaque
fleur, sans s'y poser, plongeant sa longue trompe
dans les corolles, sans jamais cesser de voler, et

battant des ailes si rapidement, qu'on en distingue difficilement les contours.

En raison de ses allures et de sa vue perçante, ce papillon est d'autant plus difficile à capturer que, lorsqu'il se pose, ses nuances sombres le font échapper aisément aux regards. Il semble d'ail leurs, guidé par un instinct merveilleux, ne s'arrêter guère que sur les objets de couleurs analogues aux siennes. On le voit rarement dans le milieu du jour ; c'est d'ordinaire le matin, d'assez bonne heure, puis vers le soir qu'il se montre. Il fréquente surtout les jardins et autres lieux cultivés, où il ne se laisse pas toujours approcher aisément. Néanmoins, se fiant à la rapidité de ses ailes, il est quelquefois plus hardi que prudent, quand il aperçoit quelque plante à sa convenance, et jamais il n'hésite à pénétrer dans une serre ouverte, où s'épanouissent des fleurs de son goût. Bien mieux, en automne on le voit souvent entrer dans les maisons pour se réchauffer.

Ce papillon mesure cinq centimètres d'envergure. Sa chenille se trouve fréquemment sur les rubiacées, et notamment sur le caille-lait jaune.

Le PTÉROGON DE L'OENOTHÈRE (*Pterogon OEno-*

*theræ*, fig. 38), est en France le seul représentant d'un genre très-voisin des Macroglosses. Comme chez ces derniers, les mâles ont à l'extrémité de l'abdomen une brosse de poils dont les femelles sont dépourvues. Mais la forme des ailes, dont le bord terminal est très-anguleux, établit une séparation bien tranchée entre ces deux groupes. Chez l'es-

Fig. 38. — Ptérogon de l'OEnothère.

pèce qui nous occupe, les ailes supérieures sont d'un gris blanchâtre, avec l'extrémité olivâtre et le milieu traversé par une bande courbe de couleur plus foncée. Les inférieures sont jaunes, avec une bande brune. Le corps est verdâtre, marqué d'une tache grise longitudinale sur le thorax. Assez rare aux environs de Paris, ce Ptérogon est plus commun dans les régions méridionales.

Les SPHINX (*Sphinx*), qui ont tous des habitudes crépusculaires, sont de grands papillons à antennes fortes et en râpe, à ailes supérieures entières, lancéolées, à thorax large, bombé, avec un
badomen long, cylindro-conique, et marqué de
bandes annulaires ou transversales. On les trouve,
le soir, volant avec une extrême vitesse et un léger

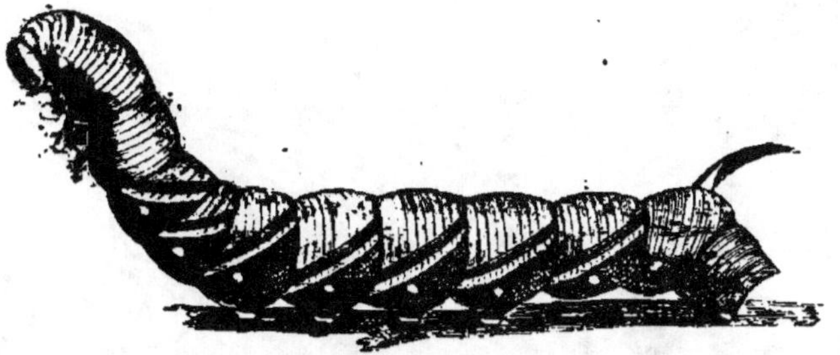

Fig. 39. — Chenille du Sphinx du Troëne.

bruissement, plongeant dans les fleurs tubuleuses
leur trompe, aussi longue que le corps. Leurs chenilles, nues, sont armées d'une corne lisse très-ai-
guë et recourbée en arrière; elles s'enfoncent en
terre pour se métamorphoser. Les chrysalides,
allongées, ont la pointe anale très-prononcée.

Le S. du Troene (*S. Ligustri*) a les ailes supérieures d'un gris rougeâtre, veinées de noir, avec

le milieu d'un brun obscur. Les inférieures sont rosées, avec des bandes transverses noires. Thorax brun-noir. Abdomen annelé de noir et de rouge.

Fig. 40. — Sphinx du Liseron.

Le mâle répand une légère odeur musquée, particularité qui se reproduit avec plus de force chez le mâle de l'espèce suivante. La chenille (fig. 39),

une des plus belles du genre, est couleur vert-
pomme, ornée de chaque côté de sept raies obliques, violettes en avant et blanches en arrière. Elle
vit sur le troëne et les jasminées ; on la trouve
dans les jardins, en juin et septembre.

Le S. DU LISERON (*S. Convolvuli,* fig. 40) se
montre au commencement de l'automne. Les
quatre ailes et le thorax sont gris cendré, avec de
petites veines noires et quelques bandes d'un brun
noirâtre. L'abdomen est annelé de noir et de rose
en dessus, avec une bande grise longitudinale.

Ce papillon a des habitudes plutôt nocturnes que
crépusculaires, et, comme chez beaucoup de papillons de nuit, ses yeux brillent dans l'obscurité,
ce qui s'aperçoit d'autant mieux qu'ils sont très-
grands. Son nom lui vient de ce que sa chenille
habite principalement le grand liseron (*Convolvu-
lus sepium*); elle est verte, nuancée de noir et de
brun, avec une rangée de lignes obliques de chaque
côté. Ces lignes sont ordinairement jaunes, bordées de noir ; mais elles sont quelquefois entièrement noires, et dans ce cas la chenille prend une
teinte brune uniforme.

Les DÉILÉPHILES (*Deilephila*) diffèrent des

Sphinx par les antennes, simplement prismatiques et les ailes inférieures un peu prolongées en lobe à leur angle interne. Leurs couleurs dominantes sont le rouge et le gris verdâtre. Ces insectes volent rapidement après le coucher du soleil.

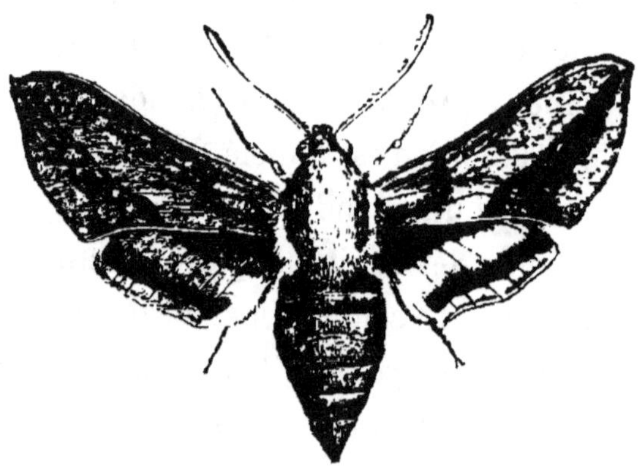

Fig. 41. — Déiléphile de l'Euphorbe.

Le D. DE L'EUPHORBE (*D. Euphorbiæ*, fig. 41) a les quatre ailes rouge-lie de vin lavé de gris. Les premières présentent trois taches et une bande sinuée d'un vert-olive. Les secondes ont deux taches noires, dont l'une occupe la base, et l'autre, sinueuse, est parallèle au bord terminal. Le corps est vert-olive en dessus, avec des taches

noires. Cette espèce paraît en juin et septembre.
Sa chenille est, dans le premier âge, d'un beau
vert-pistache varié de taches noires et jaunes;
après la dernière mue, elle devient d'un superbe
rouge de corail, avec les taches plus claires.
Comme celles des autres Déiléphiles, elle dévore, à
la suite de presque toutes ses mues, la peau qu'elle
vient de quitter.

Le D. DE LA VIGNE (*D. Elpenor*) a les ailes supérieures rayées de rouge et de vert-olive clair; les
inférieures sont rouges, avec la base noire et le
bord terminal liséré de blanc. Le corps est rose,
avec des bandes longitudinales vertes. Cette belle
espèce se rencontre assez fréquemment, de juin à
septembre, dans les environs de Paris. Sa chenille,
comme celle de ses congénères, est remarquable
par ses belles couleurs; l'extrémité de son corps
est gros et renflé; sa tête est allongée en forme de
groin de porc (de là son nom trivial de *Cochonne*).
Ce museau a cela de particulier qu'il peut se reti-
rer dans le troisième anneau. Cette chenille vit sur
les *Galium*, les épilobes et la vigne; elle mange
beaucoup, croît rapidement et compose sa coque
de soie et de molécules de terre. La chrysalide se

métamorphose au mois de juin de l'année suivante.

Le D. Petit-Pourceau (*D. Porcellus*), plus
petit que le précédent, se rencontre assez souvent
aux environs de Paris, mais principalement dans
nos départements du Nord. On le trouve surtout
dans les prairies ou les clairières humides des bois
abondant en caille-lait jaune ( *Galium verum*).
Ses premières ailes sont roses, avec trois bandes
transverses, dont les deux antérieures vert-olive et
la postérieure jaunâtre. Les secondes ailes sont
noirâtres à la base, jaunâtres au milieu et roses à
l'extrémité. Le corps est rose foncé, avec le thorax
et le dos lavés de verdâtre. Cette espèce se trouve
en juin et août.

Le genre ACHÉRONTIE (*Acherontia*), très-voisin de celui des Sphinx proprement dits, a pour
type l'espèce communément désignée sous le nom
de Sphinx Tête-de-Mort (*Acherontia Atropos*), à
cause d'une tache jaunâtre du corselet au milieu
de laquelle plusieurs points noirs dessinent gros-
sièrement des yeux, des joues et une bouche figu-
rant une tête de mort. Ce papillon (fig. 42) a la

tête grosse, l'abdomen volumineux et peu conique. Ses ailes supérieures, lancéolées, sont mélangées

Fig. 42. — Achérontie Tête-de-Mort.

de brun foncé, de brun jaunâtre et de jaune clair ; les inférieures, arrondies à leur angle interne, sont jaunes, avec deux bandes brunes.

L'Atropos fait entendre en volant et lorsqu'on le saisit un bruit semblable à un cri plaintif, que Réaumur attribue au frottement de la trompe contre les palpes, mais que M. Lorey croit être produit par les vibrations de l'air qui s'échappe par un stigmate existant aux deux côtés de la base de l'abdomen. Dans l'état de repos, ce stigmate est fermé par un faisceau de poils très-fins formant un petit soleil.

La chenille de ce papillon est énorme; on en trouve qui mesurent plus de quinze centimètres de longueur et qui sont grosses en proportion. Elle est jaune, avec sept bandes obliques vertes sur les côtés; son dos offre en outre une série longitudinale de sept chevrons bleus, piqués de noir, et séparés des bandes susdites par des points verts. Elle vit sur diverses plantes, mais principalement sur le jasmin et la pomme de terre, et mange la nuit; aussi le meilleur moyen de s'en emparer est-il de visiter le soir les champs de pomme de terre en éclairant successivement chaque touffe avec une petite lanterne de la forme dite *œil-de-bœuf*. L'élevage de cette chenille demande quelque soin, et il faut toujours fournir à l'insecte les feuilles du végétal sur lequel on l'a trouvé ; la chenille récoltée sur le jasmin refuse la pomme de terre, et *vice versa*. Arrivée à l'époque de sa transformation, c'est-à-dire vers la fin de juillet, elle se compose une coque avec des grains de terre, bien aplanis en dedans, et réunis au moyen d'une liqueur gluante qu'elle dégorge par la bouche. En captivité, il est bon de la placer dans un pot séparé et de veiller à ce que la mousse qui garnit ce vase, comme nous l'avons indiqué à l'article de l'élevage des chenilles, soit toujours entretenue humide ; sans cette précaution, la coque deviendrait tellement dure que le papillon ne pourrait jamais en sortir.

La chenille de l'Atropos est une des plus exposées aux attaques des Ichneumons ; aussi occasionne-t-elle de fréquents désappointements aux collectionneurs. Sa chrysalide est d'un brun clair. Une particularité très-curieuse à signaler, c'est que, lorsque le papillon en sort, les ailes, les antennes et les pattes sont enveloppées d'une fine membrane qui se déchire promptement au contact de l'air extérieur et se détache par pièces, laissant la liberté aux membres.

Ce papillon fait son apparition en septembre et vole lourdement au crépuscule. Il s'introduit souvent dans les ruches pour s'y rassasier du miel; qu'il pompe avec sa grosse trompe. C'est le plus grand de tous nos Lépidoptères, car il ne mesure pas moins de quinze centimètres d'envergure.

Les SMÉRINTHES (*Smerinthus*) constituent un genre très-voisin des Sphinx ; leurs antennes sont flexueuses, presque linéaires, leurs palpes très-courts ; la trompe est à peu près nulle, et les ailes, caractère facile à saisir, présentent de profondes découpures sur les bords ; les inférieures débordent les supérieures dans l'état de repos. Le thorax est très-velu, et l'abdomen, cylindro-conique, a l'extrémité relevée dans les mâles.

Le S. DU TILLEUL (*S. Tiliæ*, fig. 43), un des plus répandus, est assez remarquable par l'habitude qu'il a de se tenir, dans le repos, presque toujours accroché aux branches des arbres, en laissant pendre le corps et les ailes. On le trouve sur les ormes, les marronniers d'Inde et surtout les tilleuls, où vit sa chenille, qui est chagrinée, d'un vert pâle, avec une corne anale bleue, à sommet verdâtre. Quand

cette chenille a atteint toute sa croissance, elle gagne
le pied des arbres pour s'y enterrer à quarante-
cinq centimètres de profondeur environ. On peut,
en hiver, se procurer la chrysalide en piochant la
terre à l'aide de l'*écorçoir* ; cette chrysalide est

Fig. 43. — Smérinthe du Tilleul.

chagrinée, d'un brun obscur, avec la pointe de
l'abdomen large, conique et raboteuse jusqu'à
son extrémité. Quant au papillon, qu'il faut chercher en mai et juin, il a les ailes supérieures d'un
gris verdâtre, avec l'extrémité vert-olive et une

tache d'un blanc sale à l'angle apical; les inférieures sont fauves, avec l'extrémité verdâtre. Cette
espèce présente du reste plusieurs variétés. Son
vol est nocturne, comme celui de tous les Smérinthes.

Le S. Demi-Paon (*S. Ocellata*), assez commun
dans les environs de Paris, a l'angle apical des
ailes supérieures très-aigu. La couleur du fond de
ces mêmes ailes est d'un brun diversement nuancé;
les inférieures sont rouges et marquées au milieu
d'un grand œil bleu à prunelle et iris noirs; corps
d'un brun grisâtre. La chenille, vert tendre sur le
dos et vert bleuâtre sur les côtés, se trouve sur le
saule et les arbres fruitiers. Comme celle de l'espèce précédente, elle est très-vorace et préfère assez
souvent la chair de ses compagnons à sa nourriture ordinaire. C'est là, du reste, un fait très-commun dans l'histoire des chenilles, qui, nous croyons
l'avoir déjà dit, s'entre-dévorent toutes les fois
qu'elles le peuvent.

Le S. du Peuplier (*S. Populi*) a le corps et les
ailes assez uniformément d'un gris-brun, ou gris-
lilas ou roussâtre en dessus. Les inférieures offrent
à leur base un espace ferrugineux plus garni de

duvet que le reste de la surface. Cette espèce n'est pas rare aux environs de Paris en mai et en juillet.

## ZYGÉNIDES. — ZYGENIDÆ

Cette famille ne renferme que de petits papillons aux couleurs vives et brillantes et au vol diurne. Leurs chenilles sont courtes, épaisses, à tête petite et rétractile sous le premier anneau. Elles n'hivernent jamais sous la forme de chrysalide et se métamorphosent dans des coques de soie qu'elles attachent aux tiges des plantes.

Le genre ZYGÈNE (*Zygena*), type de la famille, est caractérisé par des antennes épaisses, très-renflées au delà du milieu, terminées en pointe obtuse et contournées en cornes de bélier ; un abdomen allongé, obconique ; des ailes supérieures longues, étroites, cachant en entier les inférieures dans le repos. Les chenilles sont courtes, pubescentes, avec des anneaux profondément incisés ; leur marche est lente et paresseuse. Elles se nourrissent de légumineuses et se changent en chrysalides allongées dans un cocon aminci aux deux extrémités et ressemblant à un bateau fixé dans sa longueur à une tige ; il est lisse, comme vernissé, jaunâtre ou blanchâtre.

La plupart des espèces de ce genre sont d'un bleu ou d'un vert foncé chatoyant, avec des taches rouges sur les ailes supérieures et le fond des ailes inférieures de la couleur de ces taches. La plupart des Zygènes ont le vol lourd et peu prolongé ; elles restent immobiles pendant la grande chaleur du jour.

Fig. 44. — Zygène de la Filipendule.

La Zygène Minos (*Z. Pythia*) a les ailes supérieures bleuâtres, avec trois taches rouges longitudinales, et les inférieures rouge-vermillon, bordées de bleu noirâtre. On la trouve aux environs de Paris et surtout dans la forêt de Fontainebleau, en juillet, sur les scabieuses, les centaurées, etc.

La Z. de la Filipendule (*Z. Filipendulæ,*

fig. 44), assez commune de iuin en août, a les ailes supérieures d'un vert luisant à reflet doré, avec six taches rouge-carmin disposées par couples. Les ailes inférieures sont rouges, avec bordure bleue garnie d'une légère frange plus claire. Le corps est vert bronzé.

Citons encore la Z. DU SAINFOIN (*Z. Onobrychis*), dont les ailes supérieures, d'un vert-bleu luisant,

Fig. 45. — Procride de la Statice.

sont marquées de six taches rouges entourées de blanc, et les inférieures rouges, avec le bord terminal bleu-noir, garni d'une frange violette. Cette espèce, qui présente plusieurs variétés, se montre en juillet. Aux environs de Paris, elle fréquente principalement les bois de Sèvres et la forêt de Bondy.

Les PROCRIDES (*Procris*) diffèrent des Zygènes par les ailes supérieures un peu plus larges et les inférieures moins courtes. L'espèce type est la

P. DE LA STATICE (*P. Statices*, fig. 45), surnommée *la Turquoise*. Les ailes supérieures sont d'un vert doré ; les inférieures d'un brun doré. La chenille vit sur la patience, l'oseille et la globulaire. L'insecte parfait vole entre la mi-juin et la mi-juillet, sur le penchant des coteaux ; il aime à se poser sur la statice et sur la scabieuse des champs.

### DEUXIÈME GROUPE. — Phalénidinés

#### SYNOPSIS

| | |
|---|---|
| Ailes en toit, les inférieures plus courtes que les supérieures; trompe très-courte et presque nulle.............. | HÉPIALIDES |
| Ailes horizontales ou en toit, mais les inférieures débordant les supérieures; trompe très-courte ou nulle.......... | BOMBYCIDES. |
| Ailes horizontales ou en toit, mais les supérieures recouvrant entièrement les inférieures; trompe généralement distincte, rarement courte ou nulle...... | PSEUDO-BOMBYCIDES. |
| Ailes horizontales, les inférieures recouvrant les supérieures; trompe courte à filets disjoints..................... | DICRANURIDES. |
| Ailes larges, plus ou moins horizontales; trompe le plus souvent longue et roulée en spirale.......................... | NOCTUÉLIDES. |
| Ailes *en chape*; trompe distincte........ | TORTRICIDES. |
| Ailes amples en toit aplati; trompe peu allongée ou presque nulle............ | PHALÉNIDES. |
| Ailes très-allongées roulées autour du corps.............................. | TINÉIDES. |
| Ailes fendues dans toute leur longueur en plusieurs branches............... | PTÉROPHORIDES. |

## HÉPIALIDES. — HEPIALIDÆ

Les Hépialides constituent une famille peu nombreuse, ayant pour caractères une trompe très-
courte et peu distincte, sinon presque nulle ; des
antennes ordinairement courtes et pectinées ; les
ailes en toit et allongées. Chez les femelles, l'abdomen est prolongé en queue. Les chenilles de
ces Lépidoptères se tiennent cachées dans l'intérieur des végétaux dont elles se nourrissent, et
leur coque est composée en grande partie des débris de ces végétaux.

Le type de la famille est le genre HÉPIALE
(*Hepialus*), dont les principaux traits sont : un thorax long et velu, un abdomen grêle, des ailes lancéolées et en toit très-incliné dans le repos. Les
chenilles vivent sous terre et se nourrissent de racines.

L'H. HECTA (*H. Hectus*), nommée vulgairement
l'*Hépatique*, est un petit papillon dont les ailes supérieures sont rousses en dessus, avec deux bandes
obliques, et les inférieures d'un brun obscur. Cette
Hépiale aime les bois et les lieux ombragés, et se

trouve en juin dans les environs de Paris. On la voit presque toujours posée à l'extrémité des longues herbes, dans les allées et dans les clairières humides.

Une autre espèce, l'Hépiale du Houblon (*H. Humuli*) est commune en Belgique et dans les départements du nord et de l'est de la France, où l'on cultive le houblon en grand pour la fabrication de la bière. Sa larve y occasionne parfois de grands dégâts dans les plantations. Les deux sexes diffèrent beaucoup quant à la taille et à la couleur; ainsi l'envergure du mâle ne dépasse pas cinq centimètres, tandis que celle de la femelle atteint sept centimètres. Le premier a les quatre ailes d'un blanc argenté en dessus et bordées de rouge; la seconde a le dessus des ailes supérieures seulement d'un jaune d'ocre et le bord d'un rouge sanguin; les inférieures sont brun roussâtre.

Les ZEUZÈRES (*Zeuzera*) diffèrent peu des Hépiales, dont elles ne se distinguent guère que par les ailes inférieures excessivement courtes. L'espèce la plus répandue est la Z. du Marronnier Z. *Æsculi*), surnommée *la Coquette* (fig. 46), qui se trouve, en juillet, dans les environs de Paris, quelquefois même dans les jardins publics. C'est un papillon blanc, marqué d'une multitude de points d'un noir-bleu sur les ailes supérieures et de petits points noirâtres sur les inférieures. Sa femelle a l'abdomen terminé par une tarière jau-

Fig. 46. — Zeuzère du Marronnier, femelle.

nâtre. La chenille est cylindrique, d'un jaune livide, avec un large écusson corné sur le premier anneau. Elle vit dans l'intérieur du tronc des arbres, particulièrement du marronnier d'Inde, du poirier, du pommier, du lilas, etc., dont elle mange l'aubier et suce la séve. La chrysalide est longue, cylindrique, convexe sur le dos, avec deux rangées transverses d'épines, et renfermée dans une sorte de cocon formé de petits débris de bois réunis au moyen d'une substance agglutinative.

Les COSSUS, beaucoup plus grands que toutes les autres Hépialides, sont les plus nuisibles en raison des dégâts considérables que causent leurs chenilles. Ces chenilles, longues, glabres , sont armées de fortes mandibules, à l'aide desquelles elles se pratiquent des galeries sous l'écorce des arbres, dont elles dévorent l'aubier. Elles attaquent aussi la partie ligneuse, mais seulement pour agrandir leur demeure lorsqu'elles sont arrivées à une certaine taille. Elles mettent près d'un an à croître (celle du Gâte-Bois vit même quelquefois trois ans, c'est-à-dire qu'elle passe trois hivers avant de se former en chrysalide), et, pendant ce temps, causent le plus grand tort aux arbres, qui les recèlent souvent sans qu'on s'en doute. On ne s'aperçoit de leur présence qu'à un suintement rougeâtre, accompagné d'un peu de détritus semblable à de la sciure de bois, qui s'échappe par des ouvertures irrégulières à la surface de l'écorce.

Lorsqu'elles ont atteint toute leur grosseur, ce qui a lieu ordinairement en avril ou mai, elles se fabriquent, dans l'endroit même où elles ont vécu, une coque composée de soie et de rognures de bois. Il arrive cependant quelquefois qu'elles quittent leur demeure et s'enfoncent dans la terre pour subir leur transformation au pied de l'arbre qui les a vues naître; dans ce cas, leur coque est revêtue de mollécules terreuses. Dans le premier cas, la chenille place sa coque de manière que l'extrémité, correspondant à la tête de la chrysalide, soit tournée vers un trou qu'elle a eu la précaution de pratiquer dans l'écorce de l'arbre, et par lequel l'insecte parfait doit sortir. Seulement, la partie de l'écorce qui le recouvre est tellement amincie, que le papillon n'a qu'un léger effort à faire au moment de son éclosion pour rompre cet obstacle. Au reste, ce n'est pas lui, mais c'est la chrysalide qui sort à moitié de ce trou, par suite du mouvement que lui a imprimé l'insecte qu'elle renferme, et ce n'est que quelques instants après que celui-ci rompt à son tour les liens qui l'enveloppent.

« Sage prévoyance de la nature! dit M. Desmarest, car le papillon est bien plus en état de briser ou d'écarter les fibres de l'écorce qui forment sa prison, lorsqu'il est encore protégé par l'enveloppe cornée de sa chrysalide, qu'après s'en être dépouillé. »

On ne connaît que six ou sept espèces de Cossus, dont quatre appartiennent à l'Europe. La plus commune est le C. Gate-Bois (*C. Ligniperda*), dont la chenille vit dans l'intérieur du tronc des saules, des peupliers et surtout des ormes. Ceux des ex-boulevards extérieurs de Paris en sont infestés, et meurent avant l'âge par suite de ses dégâts. Cette chenille est très-grosse, luisante, rougeâtre, avec des raies transversales d'un rouge de sang ; ses stigmates sont ferrugineux, avec le pourtour un peu plus clair. Elle dégorge une liqueur grasse et fétide contenue dans des réservoirs spéciaux, et qui, selon toute apparence, lui sert à ramollir le bois dont elle se nourrit. Le contact de l'air produit sur elle un effet désagréable, car, si on la fait sortir de sa retraite, elle file aussitôt une toile pour s'abriter jusqu'à ce qu'elle soit rentrée dans l'arbre. Elle pénètre jusqu'au cœur du bois en faisant des trous tortueux assez larges pour qu'on puisse y introduire le petit doigt ; ces

espèces de galeries, interrompant la circulation de
la séve, rendent d'abord l'arbre languissant, puis
finissent par le faire mourir.

Il est malheureusement très-difficile de détruire
cet insecte ; le seul moyen de diminuer son abondance est de faire la chasse au papillon, que l'on

Fig. 47. — Cossus Gâte-Bois.

trouve fréquemment vers le milieu de l'été, ap-
pliqué contre le tronc des ormes. Ce papillon
(fig. 47) est d'un gris cendré, avec des lignes noires très-nombreuses sur les ailes supérieures, où
elles forment de petites veines entremêlées de
blanc.

## BOMBYCIDES. — BOMBYCIDÆ

Cette nombreuse famille correspond exactement à la section des *Bombyx* de Linné, que l'on a morcelée en une infinité de genres basés souvent sur des caractères de peu d'importance. Mais, en changeant les noms, on n'a pas modifié la physionomie des espèces, qui ont un air de parenté très-saisissable. Tous ces papillons ont la trompe excessivement courte, quelquefois nulle ; les antennes, plus ou moins longues, sont largement pectinées ou même plumeuses, chez les mâles, et au moins dentées chez les femelles. Les ailes sont tantôt étendues et horizontales, tantôt inclinées en toit, et présentent alors ce caractère facile à reconnaître, que les inférieures débordent latéralement les supérieures dans l'état de repos. Les chenilles de ces insectes rongent les parties tendres des végétaux, et se font, pour la plupart, une coque de soie.

Les LASIOCAMPES (*Lasiocampa*), qui font partie des Bombycides à ailes en toit, sont d'assez gros papillons, comme presque tous ceux de leur famille, et caractérisés par leurs ailes plus ou moins dentées. Les chenilles de ces Lépidoptères ont, sur les deuxième et troisième anneaux, deux espèces d'entailles que l'insecte peut ouvrir et fermer à volonté ; elles présentent, en outre, de

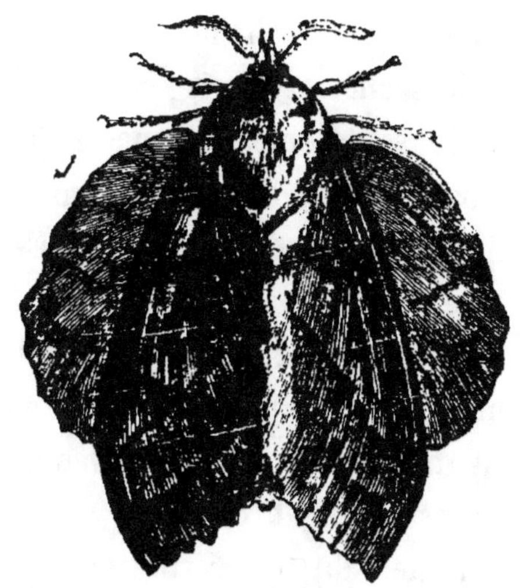

Fig. 48. — Lasiocampe Feuille-de-Chêne.

chaque côté du corps, des appendices charnus et une espèce de caroncule dirigée en arrière et située sur l'avant-dernier anneau.

La L. Feuille-de-Chêne (*L. Quercifolia*, fig. 48) a le corps d'un roux plus ou moins foncé, ainsi que les ailes, qui sont, en outre, glacées de violâtre à l'extrémité, avec trois lignes noirâtres transverses sur les supérieures. On trouve en juillet cette curieuse espèce, désignée quelquefois sous le nom *Feuille-Morte*, à cause des dentelures toutes particulières de ses ailes qui rappellent non pas précisément la feuille de chêne, mais une feuille quelconque desséchée et flétrie; sa chenille vit sur le nerprun, le saule, etc. Elle passe l'hiver et se métamorphose au mois de juin, pour ne rester que trois semaines à l'état de chrysalide. Celle-ci est revêtue d'une coque de soie molle.

La L. FEUILLE-DE-PEUPLIER (*L. Populifolia*), moins commune que la précédente, a le corps et les ailes d'un jaune-fauve en-dessus, avec trois lignes noirâtres transverses et ondulées sur les supérieures. Le milieu du thorax présente une ligne longitudinale plus obscure. Cette espèce se montre en juin. Pour se la procurer, il faut battre les baliveaux dans les taillis clairs; on la trouve aussi en frappant les peupliers qui forment des avenues sur la lisière des bois.

La L. BUVEUSE (*L. Potatoria*), qu'on rencontre dans les environs de Paris en juin et juillet, a les quatre ailes d'un jaune-brun en dessus. Les supérieures présentent quelques lignes étroites ferrugineuses et ondulées, avec une ou deux taches blanches près de la côte. Les inférieures sont d'un brun ferrugineux en arrière. La femelle diffère en ce qu'elle est d'un jaune plus pâle.

Le genre BOMBYCE (*Bombyx*) est un de ceux que les entomologistes ont le plus remaniés, à tel point que le Bombyx par excellence (celui *du Mûrier* ou *Ver à soie*), n'en fait même plus partie. Nous n'avons pas à nous occuper de cette espèce, quelque intéressante qu'elle soit, puisqu'elle est exotique, et nous dirons seulement que les insectes auxquels on a conservé la dénomination de Bombyx sont caractérisés par un thorax robuste, large et garni de poils ; l'abdomen, terminé par une touffe de poils dans les mâles, est très-gros dans les femelles, et quelquefois terminé également par des poils qui recouvrent la bourre soyeuse de son extrémité. Les ailes sont velues et squammeuses. Les chenilles, plus ou moins velues, sont longues et cylindriques ; elles se transforment dans une coque fusiforme, et quelquefois sous une toile commune, mais chacune dans une coque particulière.

Le B. Neustrien (*B. Neustria*, fig. 49), est entièrement d'un roux ferrugineux, pâle en dessus, avec une large bande plus foncée transverse et légèrement courbe sur les ailes supérieures, qui présentent une partie plus blanche près du thorax.

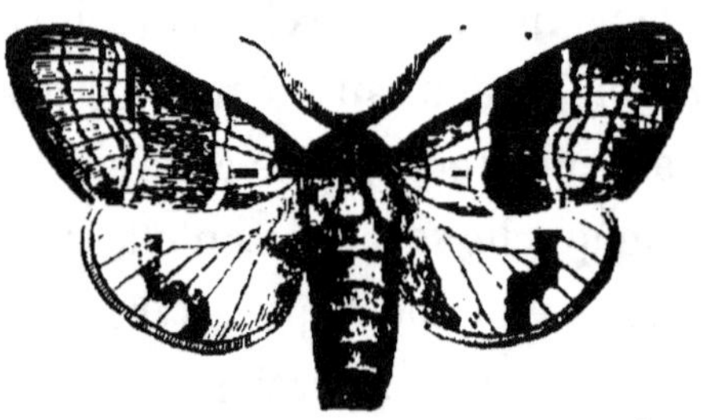

Fig. 49. — Bombyce Neustrien mâle.

Cette espèce, qui offre plusieurs variétés, est abondamment répandue, particulièrement aux environs de Paris, pendant le mois de juin. Sa chenille est rayée longitudinalement de blanc, de bleu et de rougeâtre, d'où lui vient le nom de *Livrée*, sous lequel elle est vulgairement connue ; elle vit en société sur les arbres fruitiers et cause de grands dégâts dans les vergers ; elle se montre aussi dans les forêts, principalement sur le chêne. Les œufs de cette espèce, qui sont déposés en bracelets autour des branches, n'éclosent qu'en octobre : aussi les petites chenilles passent-elles l'hiver sous une toile commune.

Le B. DE L'AUBÉPINE (*B. Cratœgi*) est un très-petit papillon de couleur grisâtre, avec de petites lignes noires, courbes, principalement sur les ailes supérieures. Il se montre en septembre.

Le B. PROCESSIONNAIRE (*B. Processionea*) a le corps gris cendré, ainsi que les ailes dont les, supérieures présentent vers leur base deux raies obscures et une troisième noirâtre au delà de leur milieu. Les chenilles, d'un cendré obscur, ont le dos noirâtre et garni de tubercules jaunes, hérissés de poils fort longs ; elles vivent en société sur le chêne, dont elles rongent les feuilles. D'abord, elles ne font que de légères toiles et changent souvent de domicile, sans quitter l'arbre où elles ont pris naissance ; mais, après leur troisième mue, elles se forment une habitation fixe de quarante centimètres environ de haut sur quinze centimètres de large, d'une forme ovoïde et attaché verticalement.

Ce nid, fait de soie imperméable, est divisé en plusieurs galeries aboutissant à l'unique ouverture pratiquée au sommet, et il est placé tantôt près de terre, tantôt à trois mètres plus haut, et toujours sur des arbres situés sur la lisière des bois ou au bord des allées. Il en existe quelquefois plusieurs sur le même arbre. On a donné le nom de *Processionnaires* à ces chenilles, à cause de l'ordre qu'elles mettent dans leur marche lorsqu'elles quittent le nid pour aller manger. Il en sort d'abord une, suivie bientôt de deux marchant de front ; celles-ci sont suivies de trois autres, puis de quatre, et ainsi de suite, chaque rang parfaitement aligné et joignant le rang qui précède en se conformant exactement à ses mouvements. Elles forment ainsi une colonne serrée s'étendant du nid jusqu'à l'arbre qui doit fournir la pâture du jour. Arrivés sur l'arbre, les Processionnaires resserrent leurs rangs, ne laissant aucune place vide, et bientôt l'arbre est entièrement dépouillé de toutes ses feuilles. Le repas terminé, les voraces insectes regagnent leur demeure dans le même ordre qu'au départ. Ces chenilles, qui commettent des dégâts considérables dans les forêts, devien-

nent heureusement en grand nombre la proie des
larves de divers Microgasters (fig. 50.)

Ce Bombyx fait son apparition en mai, et dépose
ses œufs sur l'écorce de chêne; les chenilles n'é-
closent qu'au mois de juin de l'année suivante.
Son cocon est de couleur brune, très-pauvre en
soie, et ressemble à une sorte de gros papier.

Fig. 50. — Chenille dévorée par des Microgasters.

Le B. DE LA RONCE (*B. Rubi*) a le corps, ainsi
que les ailes, d'un brun terne; les supérieures présentent deux lignes transverses de nuance plus
claire. La femelle diffère du mâle par ses couleurs
générales plus grisâtres. On trouve cette espèce en
mai, dans tous nos bois. Le mâle vole en plein jour
et avec une extrême rapidité. La femelle se tient
dans l'herbe ou dans les buissons; sa chenille se

roule dès qu'on la touche, ce qui la fait appeler *Anneau-du-Diable*. Son cocon est plus soyeux que celui de l'espèce précédente.

Le B. du Chêne (*B. Quercus*) est désigné vulgairement sous le nom de *Minime-à-Bande*, en raison de la bande jaune fauve qui marque ses quatre ailes ferrugineuses, frangées également de jaune. La femelle, très-différente du mâle, est ordinairement d'un beau jaune-paille avec une bande plus claire, précédée, sur le dessus des premières ailes, d'un point central blanc. Ce Bombyce est assez commun dans tout le centre de la France, pendant le mois de juillet. Rien de plus curieux que de suivre dans les bois les vagabondes excursions du mâle de cette espèce. « Il vole par mouvements saccadés avec de continuels crochets, dit M. Maurice Girard. Si son odorat lui indique une femelle tapie dans la mousse ou sous un buisson, il tournoie tout autour, s'éloigne un peu, revient, frôle les feuilles sèches ou les herbes. Il paraît suivre une piste volatilisée ou écouter de faibles sons de la femelle, imperceptibles pour nous, ne l'aperçoit que lorsqu'il en est proche et fond alors vers elle, en ligne droite, comme une flèche. »

Le B. du Pin (*B. Pini*) est un des insectes les plus nuisibles à nos forêts. Il est d'un rouge-brun, avec une large bande transverse plus foncée et une tache blanche en forme de croissant sur les ailes supérieures. Ce papillon commence à voltiger vers le milieu de juillet, et la femelle pond ses œufs à la fin du même mois, sur l'écorce du tronc des pins. Les chenilles éclosent deux ou quatre semaines après la ponte, suivant que la température est plus ou moins favorable, et se dirigent immédiatement sur les bourgeons pour les dévorer. Ces chenilles sont de couleur gris-rougeâtre ; on les reconnaît surtout à deux entailles, d'un bleu d'acier, qu'elles présentent près de la tête. Parvenues, en octobre, à la moitié de leur croissance, elles se retirent pendant l'hiver sous la mousse, au pied des arbres ; puis, vers le mois d'avril, elles remontent sur les arbres, et dévorent de nouveau les feuilles et les bourgeons. Ce n'est qu'en juin qu'elles commencent à filer leurs cocons, à l'extrémité des rameaux ou dans les anfractuosités de l'écorce du tronc.

Les **ATTACUS** ( *Attacus* ), très-voisins des

Bombyx, ont les antennes pectinées, mais à dents ou barbes beaucoup plus longues dans les mâles que dans les femelles; le thorax est laineux, avec un collier de la couleur de la côte des ailes supérieures. Leurs chenilles ont la tête petite et les anneaux bien distincts, ornés de tubercules élevés, d'où sortent des poils raides et inégaux.

L'A. Grand-Paon (*A. Pavonia-Major*) est un de nos plus grands papillons; son envergure est d'environ treize centimètres ; ses habitudes sont tristes et nocturnes, et sa robe est sombre comme la nuit. Il ne s'éloigne guère des jardins et des vergers, où vous le verrez, en mai, voler lourdement à l'entrée de la nuit. Son corps, brun, offre une bande blanchâtre à l'extrémité antérieure du corselet; les ailes sont rondes, d'un brun saupoudré de gris, ayant chacune sur le disque une tache oculaire noire, coupée par un trait transparent, entourée d'un cercle fauve obscur, d'un demi-cercle blanc et enfin d'un cercle noir. La chenille du Grand-Paon vit sur l'orme, le frêne, le poirier, l'abricotier, etc.; elle est très-grosse, longue de huit centimètres, d'un vert tendre, avec des tubercules bleus ; les stigmates sont blancs, bordés de noir.

Dans le courant d'août elle se file, pour se métamorphoser, une coque brune très-dure, en forme
de poire, qu'elle place sur le rebord·des murs et
des tuiles, ou sous les saillies des arbres. Cette
coque serait pour l'Attacus une prison perpétuelle,
si la chenille n'avait la précaution de la laisser
ouverte à l'une de ses extrémités. Mais, pour en
interdire l'entrée aux ennemis de l'extérieur, l'a-
droite ouvrière construit devant cette ouverture,
avec un filet très-fort, deux espèces d'entonnoirs,
emboîtés l'un dans l'autre et tout à fait analogues,
comme le remarque Réaumur, aux nasses dont on
se sert pour prendre le poisson ; ces entonnoirs
sont exactement pour les insectes du dehors ce que
sont les nasses pour les poissons qui veulent en
sortir ; et, pour le papillon, ce que sont ces mêmes
nasses pour les poissons qui veulent y entrer. La
chrysalide, que termine postérieurement un petit
bouquet de poils raides et inégaux, est cylindrique, brune. Le Grand-Paon éclôt vers le
10 mai, c'est-à-dire neuf mois après la transformation de sa chenille ; quelquefois cependant, l'é-
closion est tardive et n'a lieu qu'en septembre,
ou même deux ou trois ans après la formation du
cocon.

Cette espèce ne dépasse guère la latitude de Paris, où elle est très-commune ; on la rencontre sur les arbres fruitiers de la banlieue, autour de la capitale, et sur les platanes du chemin stratégique des fortifications. Introduit dans le département du Nord, par des amateurs, ce papillon n'a pas tardé à dépérir.

Fig. 51. — Attacus Petit-Paon.

L'A. PETIT-PAON (*A. Pavonia-Minor*, fig. 51), des deux tiers plus petit que le précédent, est répandu dans toute l'Europe et vole en avril et mai. Les ailes supérieures sont d'un brun nébuleux en dessus, piqués de rougeâtre au milieu, avec une bordure blanche intérieurement et obscure au

bord; les inférieures sont fauves, avec une bande
noire parallèle au bord extérieur. Comme dans le
Grand-Paon, les quatre ailes sont ornées d'un
œil central, entouré de blanc dans les supérieures,
de fauve-roux, dans les inférieures. Le corps est

Fig. 52. — Chenille et cocon du Petit-Paon.

brun. La chenille du Petit-Paon (fig. 52) vit sur
le prunellier, l'aubépine, l'orme et le charme. Sa
transformation s'opère comme dans l'espèce précédente.

Le genre AGLIA (*Aglia*) a pour type l'A. Tau

(*A. Tau*), vulgairement *la Hachette*, dont nous avons déjà parlé à l'occasion des fonctions des antennes chez les papillons. Ce Lépidoptère se trouve en avril et mai aux environs de Paris, notamment dans la forêt de Saint-Germain. Les antennes, très-développées et en panache chez le mâle, sont simplement pectinées chez la femelle. La trompe est nulle ; les ailes, larges, sont ornées chacune d'une tache ocellée, dont la pupille, en forme de T, est blanche et semi-transparente. L'Aglia Tau est entièrement d'un jaune fauve ; les quatre ailes présentent une ligne noire parallèle aux bords extérieurs ; l'œil de chaque aile est bleu, bordé d'une ligne noire. La femelle est très-rare ; on doit la chercher à terre, sur les feuilles sèches, ou contre le tronc des arbres. Quant au mâle, dès le 20 avril, quelquefois même un peu plus tôt si l'année est précoce, on le voit voler avec rapidité de neuf heures à midi, et même plus avant dans la journée, si, dès le matin, le ciel a été couvert. Les allées et les massifs des bois où domine le charme sont les endroits où il convient de le chercher. A Saint-Germain, c'est dans le voisinage des Loges qu'il est le plus commun.

L'ENDROMIS Versicolore (*Endromis Versi-*

*colora*) est le type d'un genre caractérisé par une trompe nulle, un thorax laineux, avec l'abdomen garni de poils, et des ailes supérieures allongées à sommet très-aigu, les inférieures fort courtes. Cette espèce est d'un jaune-brun, avec des lignes transverses blanchâtres et bordées de noir sur les ailes supérieures. Un croissant noirâtre marque le disque des quatre ailes. Ce papillon, qui vole avec une grande rapidité, se montre de très-bonne heure, au printemps, dans tous les bois du centre de la France. C'est vers le 20 mars qu'il faut le chercher, principalement dans les endroits plantés de bouleaux, où il fréquente les grandes allées et butine de neuf à onze heures du matin. Les bois de Clamart sont, aux environs de Paris, l'endroit où les collectionneurs ont le plus de chances de le rencontrer.

## PSEUDO-BOMBYCIDES. — PSEUDO-BOMBYCIDÆ

Cette famille comprend tous les *Faux-Bombyx* de Latreille, qui diffèrent surtout des Bombyx par leurs ailes bridées, dont les supérieures, dans le repos, recouvrent complétement les inférieures, celles-ci étant plissées en éventail sous les premières. La trompe, généralement distincte, est cependant quelquefois très-courte ou à peu près nulle. Le plus souvent, les antennes sont simples ou seulement pectinées chez les mâles.

Les LITHOSIES (*Lithosia*) ont les ailes supérieures longues et étroites, se croisant l'une sur l'autre par leur bord interne dans l'état de repos; les inférieures sont larges et plissées sous les premières, les unes et les autres enveloppant l'abdomen lorsqu'elles sont fermées. Les chenilles de ces Lépidoptères sont tuberculeuses et vivent de lichens.

La L. COLLIER-ROUGE (*L. Rubricollis*) est noire, à l'exception du collier, qui est rouge sanguin, et des trois derniers segments de l'abdomen, qui sont d'un jaune orangé. Cette espèce, dont le vol est tout à fait diurne, se rencontre dans les bois des environs de Paris, en juin et juillet. Elle recherche surtout les endroits herbus.

La L. QUADRILLE (*L. Quadra*), surnommée la *Jaune à quatre points*, se montre également en juin et juillet; elle habite les parcs et surtout les grands bois; on la trouve d'ordinaire posée sur le tronc des arbres qui bordent les routes; c'est en

battant les jeunes pousses des chênes couverts de
lichens, qu'on peut se procurer la chenille. Le
mâle a le dessus des ailes supérieures d'un gris
cendré avec deux taches longitudinales; les ailes
inférieures sont d'un jaune pâle, avec le bord
antérieur d'un gris cendré. La femelle diffère du
mâle en ce que ses ailes supérieures sont d'un
jaune fauve avec deux points ardoisés. Dans les
deux sexes, le corps est jaune fauve.

Les CALLIGÉNIES (*Calligenia*) sont caractérisées par des ailes supérieures elliptiques et non
croisées l'une sur l'autre, mais formant un toit
aigu dans le repos. Leurs chenilles vivent sur les
lichens, comme celles des Lithosies:

L'espèce la plus répandue de ce genre est la
C. ROSETTE (*C. Rosia*), qu'on trouve, au mois de
juin, sur les buissons, aux environs de Paris. Le
dessus des premières ailes est d'un rouge-mi-
nium, plus vif sur le bord antérieur, avec trois
lignes noires transverses. Les ailes inférieures sont
un peu transparentes, plus pâles que les supérieures et dépourvues de taches.

Le genre EUCHÉLIE (*Euchelia*) se reconnaît
aux ailes supérieures presque triangulaires et à la

trompe rudimentaire. L'espèce type est l'E. DU
SENNEÇON (*E. Jacobeæ*), dont les ailes supérieures
sont d'un noir grisâtre, avec deux lignes et deux
gros points d'un rouge-carmin; les inférieures sont
rouge-carmin, bordées de noir; le corps est entièrement noir. Assez commun aux environs de
Paris, de juillet à octobre, ce papillon, vulgairement appelé *le Carmin*, a le vol lourd et part aussitôt qu'il entend du bruit.

Les CALLIMORPHES sont des insectes au
corps svelte, aux ailes ornées de couleurs vives et
brillantes. Elles ont le vol diurne. Nous mentionnerons :

La C. DOMINULA (*Callimorpha Dominula*), dont
les ailes supérieures sont d'un vert foncé brillant,
avec une douzaine de taches inégales jaunes; les
inférieures sont rouge-cramoisi, avec des taches
noires irrégulières. Le thorax est noir, orné de
deux taches longitudinales, et l'abdomen, couleur
cramoisi, est marqué longitudinalement d'une
ligne noire. Cette Callimorphe aime les lieux humides; on la trouve communément, en juillet,
dans les prairies marécageuses qui bordent le cours
de la rivière d'Essonne, dans les bois du Désert,

près de Versailles, à Servan, au bas Meudon, etc.

La C. HERA (*C. Hera*, fig. 53), a les ailes supérieures d'un noir glacé de vert, avec des taches obliques jaune-paille et une bande de la même couleur formant l'Y. Les ailes inférieures sont rouge-écarlate, avec quatre taches noires irrégulières. Cette espèce se trouve aux environs de Paris, en juin et août. Elle vole rapidement en plein

Fig. 53. — Callimorphe Hera.

soleil et visite les fleurs des chardons et de l'eupatoire commune.

L'EUTHÉMONIE ROUSSETTE (*Euthemonia Russula*) est une jolie espèce aux ailes supérieures d'un jaune roussâtre, marquées d'une tache centrale brune; les ailes inférieures sont jaune pâle, avec une tache centrale et une bande noirâtres; les bords sont d'un rouge vif, d'où le surnom de

13.

*Bordure ensanglantée* donné quelquefois à ce papillon. La femelle a les ailes plus courtes et moins développées que celles du mâle; elles sont d'un jaune plus roux, et le corps est beaucoup plus gros. Commune dans les bois des environs de Paris, en juin et août, cette espèce se tient dans les bruyères et les herbages élevés. Le bruit de la marche la fait fuir pour aller se reposer à une grande distance.

Les CHÉLONIES (*Chelonia*) ont le corps épais, la tête et le thorax velus ou laineux; leurs chenilles sont très-velues, et les poils, plus ou moins longs, sont implantés en faisceaux divergents sur des tubercules plus clairs que le fond. Ces chenilles mangent en général très-rapidement.

La Ch. Civique (*C. Civica*), vulgairement appelée l'*Écaille brune*, a les ailes antérieures d'un brun-café, avec une dizaine de taches jaunes, dont trois alignées longitudinalement; les postérieures sont d'un rouge-carmin pâle, lavé de jaunâtre vers la base, avec plusieurs taches noires. Elle vole en juin, et se plaît surtout dans les lieux arides.

La Ch. Fermière (*C. Villica*) a les ailes supérieures d'un noir foncé et velouté, avec huit taches d'un blanc jaunâtre ; les inférieures d'un jaune foncé, avec cinq ou sept taches noires ; l'abdomen est jaune, marqué de trois séries longitudinales de points noirs. On la trouve dans les bois et les parcs des environs de Paris.

La Ch. Martre (*C. Caja*, fig. 54) a les ailes supérieures d'un brun roussâtre, divisées inégalement en tous sens par des raies blanches ; les infé-

Fig. 54. — Chélonie Martre.

rieures sont rouges, avec cinq ou six taches d'un noir bleuâtre. L'abdomen est rouge taché de noir. La chenille est noire, avec des tubercules bleus disposés en anneaux. C'est une des chenilles dites *hérissonnes*, parce qu'elles se roulent quand on les touche ou qu'on les inquiète. Elle vit sur le tithymale, la mercuriale, l'ortie, etc.

Le genre LIPARIS est caractérisé par des antennes très-pectinées dans les mâles et dentelées ou en scie dans les femelles. La trompe est à peu près nulle. Le corps de la femelle, beaucoup plus gros que celui du mâle, est ordinairement garni d'une sorte de bourre soyeuse qui s'en détache au moment de la ponte, et dont la prévoyante mère fait un moelleux duvet autour des œufs, afin de préserver du froid ses enfants, qu'elle ne verra jamais, car elle meurt dès qu'elle a pondu. Nous trouvons sur le tronc des ormes, qui bordent les boulevards extérieurs de Paris, des plaques d'œufs du *Liparis Dispar* qui passent l'hiver sous l'abri de cette bourre protectrice.

Le LIPARIS MOINE (*Liparis Monaca*), appelé aussi le *Zigzag à ventre rouge*, est une espèce assez nuisible à nos forêts. Sa chenille attaque de préférence les pins, les sapins, et moins fréquemment les feuilles du chêne, du hêtre et du bouleau. On trouve, en juin, les chrysalides fixées dans les anfractuosités de la tige des arbres. L'insecte parfait vole en juillet et août : c'est un papillon aux ailes antérieures blanches, chargées d'un grand nombre de raies noires en zigzag, et aux ailes inférieures d'un gris cendré, avec l'extrémité blanchâtre.

L'abdomen présente deux larges bandes roses transversales.

Le L. CUL-BRUN (*L. Chrysorrhœa*, fig. 55) n'est pas moins incommode que le précédent. Sa chenille, d'un brun foncé, à raies rouges longitudinales et couverte de poils, vit en société sur les arbres fruitiers, notamment les pommiers et les poiriers, auxquels elle fait un dommage considé-

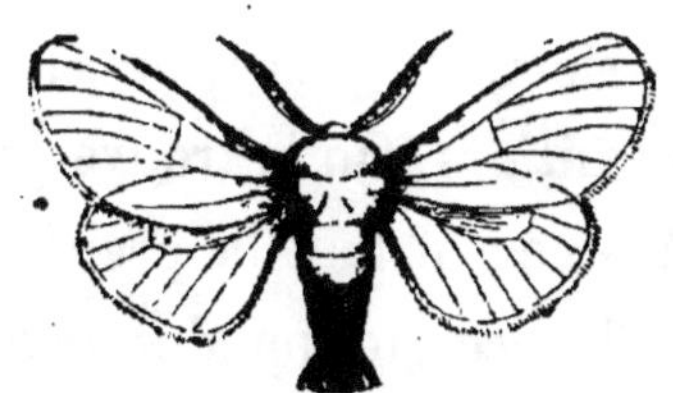

Fig. 55. — Liparis Chrysorrhæa.

rable en détruisant promptement les bourgeons et les feuilles, et c'est principalement pour elle que la loi sur l'échenillage a été établie. Les œufs de ce Lépidoptère éclosent en automne, et les chenilles passent l'hiver réunies dans une toile commune, enveloppant un paquet de feuilles; c'est seulement au printemps qu'elles se séparent pour reprendre leurs ravages. Le Cul-Brun a les ailes blanches, ainsi que le corps, à l'exception des derniers anneaux, qui sont d'un brun obscur. Il se montre en juillet.

Le L. DISPARATE (*L. Dispar*), dont quelques entomologistes ont fait un genre à part, sous le nom d'*Hypogymna*, est un Faux-Bombyx d'assez grande dimension, dont la femelle est encore plus grande que le mâle. Celui-ci a les ailes supérieures brunes, avec des raies noirâtres en zigzag, tandis que dans la femelle, elles sont blanchâtres, avec quelques raies noires. La chenille de cette espèce cause parfois, elle aussi, de grands ravages sur les arbres fruitiers. On la trouve souvent dans les rides de l'écorce ; il faut la prendre avec précaution, car elle occasionne des démangeaisons aux mains et à la figure.

L'ORGYIE PUDIBONDE (*Orgyia Pudibunda*, fig. 56) est l'espèce la plus répandue et la plus remarquable d'un genre très-voisin des Liparis. Ses premières ailes sont d'un gris-blanc avec quatre lignes transverses et ondulées, plus une série de points marginaux d'un brun noirâtre. Les secondes ailes sont blanchâtres, ornées d'une bande brunâtre parallèle à l'abdomen, avec un point central. Cette espèce vole, en mai, aux environs de

Paris. La chenille est d'un vert jaunâtre, avec trois incisions d'un noir velouté, suivies de deux taches longitudinales noires, sur lesquelles on remarque quatre brosses, puis des tubercules surmontés d'aigrettes jaunes. Sur le onzième anneau se trouve un faisceau rougeâtre penché en

Fig. 56. — Orgyie Pudibonde, mâle et femelle.

arrière. Cette curieuse chenille, qui vit principalement sur les arbres à chaton (coudrier, noyer, etc.), file une coque molle, mais serrée, d'un gris jaunâtre.

Lorsque les circonstances atmosphériques favorisent la propagation des chenilles, celles de l'*Or-*

*gyia Pudibunda* se montrent en quantités effrayantes. C'est ainsi qu'à l'automne de 1848, dans le département de la Meurthe, aux environs de Phalsbourg, elles furent si nombreuses sur le territoire de plusieurs communes, qu'elles y causèrent les plus grands ravages. Semblables à ces nuées innombrables de sauterelles que l'on voit s'abattre sur les plaines de l'Afrique à des époques périodiques, et dépouiller, en l'espace de quelques heures, la terre de toute végétation, puis venir empester l'air après leur mort par la décomposition rapide de leurs cadavres, les chenilles de Phalsbourg désolèrent toute la campagne. Ce n'était ni par cent ni par mille qu'on aurait pu les compter, mais par millions. Les forêts situées dans les communes de Garbourg, Hildehousse, Trois-Maisons, Saint-Louis, furent entièrement dévastées. Dans les cantons de Saverne et de Sarrebourg, quelques forêts furent également atteintes, et l'on n'évalue pas à moins de quinze cents hectares la superficie des bois ravagés. Partout où les chenilles de l'*Orgyia Pudibunda* passèrent, elles dépouillèrent complétement les arbres de leurs feuilles ; en sorte que certains versants des montagnes présentaient, au commencement de l'automne, l'aspect qu'ont ordinairement les arbres à la fin de l'hiver. Les chenilles tombées à terre, et qui y étaient mortes, étaient tellement nombreuses qu'elles formaient sur l'herbe une couche qui, dans certains endroits, avait au moins douze centimètres d'épaisseur ; d'après cela, on conçoit que l'on dut, pendant quelque temps, craindre que leur putréfaction ne produisît dans le pays des maladies contagieuses. Heureusement que ces chenilles disparurent presque complétement vers la fin de l'automne, beaucoup ayant péri faute de nourriture, et les autres s'étant métamorphosées et ayant perdu, en changeant de forme, tout pouvoir de nuire immédiatement. Ce fait, tout accidentel, ne s'est pas reproduit l'année suivante, parce que les circonstances atmosphériques n'ont pas permis, en 1849, aux œufs, beaucoup plus abondants que les années ordinaires, de se développer aussi bien qu'en 1848 ; cependant on gardera longtemps, dans les campagnes des environs de Phalsbourg, le souvenir des désastres causés par les *chenilles de la République*, nom que les paysans lorrains ont donné aux chenilles de l'*Orgyia Pudibunda*, à cause des trois couleurs bien distinctes que présentent leurs différentes variétés. Des faits semblables se sont déjà plusieurs fois présentés en Allemagne ; mais heureusement que l'abondance de ces chenilles est peu à redouter à une époque de l'année où la destruction des feuilles ne nuit pas à la végétation.

Nous avons dit, dans notre Introduction, que plusieurs femelles de Lépidoptères sont dépourvues d'ailes. Celles des Orgyies présentent cette anomalie, et elles diffèrent en outre du mâle par une

Fig. 57, 58 et 59. — Orgyie Gonostigma, mâle et femelle, cocon et chrysalide.

conformation toute particulière, fort éloignée en apparence de celle des insectes de leur classe.

Cette différence, qui existe dans la présente espèce, est encore plus sensible chez l'ORGYIE GONOSTIGMA (*O. Gonostigma*, fig. 57, 58 et 59), vulgairement *la Soucieuse*, qui se montre d'abord en mai et au commencement de juin, puis en septembre, dans les pépinières et les bois des environs de Paris. Chez le mâle, les premières ailes

sont d'un brun obscur, avec trois taches orbiculaires et trois lignes flexueuses transverses d'un
brun-marron, puis deux lunules blanches, dont
l'une au sommet et l'autre à l'angle interne de
l'aile. Les secondes ailes sont d'un noir-brun, avec
des poils cendrés à la base. La femelle, entièrement dépourvue d'ailes, a le corps très-gros, d'un
cendré obscur, avec les pattes et les antennes d'un
brun jaunâtre.

Parmi les NOTODONTES, groupe de papillons
aux couleurs peu brillantes., nous citerons le
N. DROMADAIRE (*Notodonta Dromadarius*) qui a les
ailes supérieures d'un brun nébuleux, avec la base,
le milieu du bord interne et une bande parallèle
au bord postérieur d'un jaune obscur. Les ailes
inférieures sont d'un blanc sale, avec une ligne
noire à l'angle postérieur. La chenille est rase,
verte, avec trois bosses coniques sur le milieu du
dos, et une éminence obtuse sur le onzième anneau. Comme les autres chenilles du genre, elle
ne s'appuie, pendant le repos, que sur les quatre
pattes du milieu, et elle relève les deux extrémités
du corps en tenant sa tête renversée en arrière.
Elle vit sur les saules, les peupliers, les trembles,

et se métamorphose dans une coque molle, soit entre des feuilles d'arbres, soit à la surface du sol. L'insecte parfait se rencontre, en juin et août, dans les allées ou les quinconces plantés en peupliers.

Le NOTODONTE DODONÉEN (*N. Dodonœa*) a les ailes antérieures d'un gris obscur en dessus, avec deux lignes blanches transversales ; les ailes inférieures sont grises, avec une ligne transverse plus claire sur le milieu et la frange du bord postérieur de la couleur des premières ailes. C'est à la fin de mai qu'il faut chercher cette espèce, exclusivement dans les massifs humides plantés en chênes. Presque toutes les forêts du centre et du nord de la France la possèdent. On la fait tomber en frappant les baliveaux de moyenne grosseur, surtout ceux qui croissent dans un sol bien garni d'herbe.

Le genre PYGÈRE (*Pygera*) est représenté en France par la P. BUCÉPHALE (*P. Bucephala*), dont les ailes supérieures, légèrement dentelées, sont d'un gris argenté, avec trois lignes noires transverses et une grande tache d'un jaune d'ocre, que recouvrent en partie d'autres taches d'un brun clair. Les ailes inférieures sont d'un blanc jaunatre. L'abdomen est jaune sale, et présente de chaque côté une ligne de points noirâtres. Cette espèce, commune partout, se montre en mai et juin.

## DICRANURIDES. — DICRANURIDÆ

Les Dicranurides ont la trompe courte, à filets disjoints; les ailes étendues horizontalement dans le repos, les supérieures recouvrant complétement les inférieures. Ils diffèrent essentiellement des autres Nocturnes par l'absence, chez les chenilles, des deux dernières pattes membraneuses.

Deux genres composent cette famille, peu riche en espèces : Dicranure et Platyptéryx.

Les PLATYPTERYX ont, comme l'indique leur nom tiré du grec (πλατυς, large ; πτερον, aile), les ailes larges et d'une forme caractéristique, le sommet en étant recourbé en faucille.

Le P. FAUCILLE (*Platypteryx Falcula*, fig. 60) a le dessus des ailes supérieures d'un fauve plus ou moins vif, et traversées par deux lignes jaunes entre lesquelles on voit deux points d'un noir bleuâtre; les inférieures ne présentent qu'une seule ligne jaune. Cette espèce se trouve aux environs de Paris, en mai et en août. On se la procure, à cette époque, en frappant les arbres dans les taillis de chênes et de bouleaux.

Le P. HAMEÇON (*P. Hamula*) est couleur feuille morte plus ou moins claire, avec des lignes brunes ondulées sur les ailes, dont la première paire porte une tache ronde noirâtre sur le disque. Ce Platypteryx se montre en mai et en septembre.

Fig. 60. — Platypteryx Faucille.

Les DICRANURES sont caractérisées par leurs antennes terminées en pointe recourbée et par la touffe de poils bifides qui surmonte la tête et entoure la base des antennes.

La D. QUEUE-FOURCHUE (*Dicranura Furcula*) a le corselet cendré, avec des bandes noirâtres; les ailes supérieures grises, mouchetées de noir aux extrémités, et ornées d'une large bande foncée, que borde une double ligne noire et jaune; et les ailes inférieures plus pâles, avec un arc central brun et de petits points marginaux noirs.

La chenille (fig. 61) est d'un vert tendre piqueté de ferrugineux, avec la tête noire. Comme chez toutes ses congénères, les deux dernières

Fig. 61. — Chenille de Dicranure.

pattes sont remplacées par deux longues cornes qui peuvent se rapprocher, s'écarter, se diriger dans tous les sens; ces appendices ne sont que les étuis de véritables cornes charnues d'un beau rose, qui ont quelque ressemblance avec celles des limaçons et que la chenille fait saillir au dehors pour se défendre principalement contre les Ichneumons. Lorsqu'elle voit un de ces insectes voltiger autour d'elle ou qu'elle le sent se poser sur son dos, elle fait aussitôt sortir de leurs fourreaux ces cornes allongées, auxquelles elle peut donner toutes les inflexions possibles, jusqu'à les rouler en spirale, et elle s'en sert comme d'un fouet pour chasser son ennemi. Cette arme lui est d'autant plus utile, qu'ayant la peau très-mince, elle est exposée plus que tout autre aux attaques des Ichneumons. Elle possède, du reste, un autre moyen de défense. Près de sa tête, sur le premier anneau, on remarque un tentacule fourchu, mobile, rétractile, dont chaque branche est terminée par un bouton renflé et criblé de petits trous comme la pomme d'un arrosoir. Lorsque la chenille est sans inquiétude, ce tentacule, retiré dans l'anneau, est à peine visible; mais si un danger la menace, aussitôt elle l'allonge, l'ajuste du côté de son ennemi, sur lequel elle lance, à une assez grande distance, une liqueur corrosive qui jaillit par les trous. Cette liqueur est caustique au point de causer une assez vive douleur quand elle entre dans les yeux. Selon Bonnet, son véritable usage serait d'attendrir et de macérer les rognures

de bois ou d'écorce que la chenille fait entrer dans
la composition de sa coque, et, plus tard, de ramollir la partie de cette coque correspondant à la
tête du papillon, afin de faciliter la sortie de ce
dernier au moment de son éclosion. Toujours est-
il que les chenilles de Dicranure, malgré les armes
dont elles disposent, sont fréquemment victimes
de la piqûre des Ichneumons, et que sur trois que
l'on récolte, il est habituel d'en trouver au moins
une portant déjà en elle des larves parasites. La
coque de ces chenilles, construite avec des rognures
d'écorce, ressemble parfaitement à une nodosité
de la branche d'arbre qui la supporte : aussi est-
elle très-difficile à trouver. L'insecte parfait éclôt
en avril et mai, et se trouve dans toute la France.

## NOCTUÉLIDES. — NOCTUELIDÆ

Les Noctuélides ont une trompe cornée, roulée
en spirale et le plus souvent longue; les palpes
sont terminés brusquement par un article très-
petit ou beaucoup plus petit que le précédent, qui
est large et comprimé. Les antennes sont simples.
Le vol est rapide, diurne dans quelques espèces.
Les chenilles ont seize, quatorze ou douze pattes;
elles se renferment dans une coque.

Cette famille, la plus nombreuse des Hétérocères, renferme environ huit cents espèces, dont
beaucoup sont si voisines qu'il est assez difficile
de les distinguer. Un grand nombre d'entre elles
sont d'ailleurs peu intéressantes. Nous ne citerons
que les plus remarquables.

Quant à leurs habitudes, en général, disons que
presque tous ces papillons habitent les bois; on les
fait lever devant soi en frappant les branches des
arbres avec un bâton. Ce système de chasse est
celui qui convient le mieux à leur recherche. Le
moment le plus favorable pour s'y livrer est le
passage du mois de mai au mois de juin, et si la
chasse au maillet devient féconde en résultats, c'est
principalement du 20 mai au 15 juin. A cette
époque, les Lépidoptères nocturnes éclosent en
foule, et l'on ne revient jamais d'une excursion à
travers bois sans rapporter ample moisson d'espèces de toutes sortes.

L'ACRONYCTE DE LA PATIENCE (*Acronycta Ru-
micis*) est un papillon de grandeur moyenne dont
les ailes supérieures, d'un gris noirâtre, sont couvertes de marbrures blanchâtres ou brunes, bordées souvent par des lignes noires, ondulées ou

dentées; les inférieures sont gris jaunâtre, avec une large bande marginale. Le corps est gris brunâtre. Cette espèce se trouve communément aux environs de Paris, en mai et juillet.

La GONOPTÈRE Découpure (*Gonoptera Libatrix*) est remarquable par le bord terminal de ses ailes supérieures, qui sont profondément découpées, d'un gris rougeâtre sablé de brun, avec une tache jaune orangé, sablé de rouge, s'étendant de la base au milieu de l'aile, qui est en outre traversée par une raie blanche. Le bord découpé est terminé par une frange d'un rouge brun; les ailes inférieures sont gris foncé. Ce Lépidoptère, assez commun, se trouve aux environs de Paris, en juin et septembre, sur les saules et les peupliers.

La NONAGRIE de la Massette (*Nonagria Typhæ*) est une espèce d'un gris roussâtre ou brun ferrugineux dont les ailes supérieures présentent des rangées transversales de points noirs parallèles au bord terminal. D'autres points semblables sont disséminés çà et là. On la trouve aux environs de Paris, pendant le mois d'août.

La XYLOPHASIE Polyodon (*Xylophasia Po-*

*lyodon* ) a les quatre ailes d'un brun roux, marbré de taches rouge sombre ; les inférieures , plus claires à leur base, ont leur extrémité lavée de brun noirâtre, avec une frange plus pâle. Le corps est de la même couleur que les ailes supérieures. Cette espèce, commune dans toute l'Europe, se trouve, en juin et juillet, appliquée contre les murs et le tronc des arbres.

L'HADÈNE du Chou (*Hadena Brassicæ*) a les ailes supérieures d'un brun roux nuancé, avec la frange gris pâle et une bande en zigzag près du bord terminal ; les inférieures d'un brun plus clair vers la base qu'à l'extrémité ; le thorax brun noirâtre, et l'abdomen gris foncé. Cette espèce est commune pendant les mois de mai et de juin. Elle aime le séjour des jardins, contre les murs desquels on la trouve souvent appliquée. Sa chenille , tout à fait nue, vit sur les plantes crucifères et plus particulièrement sur les jeunes plants de choux qu'elle dévaste.

Les NOCTUELLES proprement dites sont des Lépidoptères de taille moyenne, à couleurs très-variées, et marqués de taches distinctes. Elles ne volent que vers le coucher du soleil, dans les bois,

les prairies, les jardins où leurs chenilles ont vécu,
et aux environs des fleurs où elles déposeront leurs
œufs. Leurs ailes supérieures sont étroites, longues et arrondies au sommet, et se recouvrent
mutuellement par leur bord interne, dans l'état de
repos; elles sont en général de couleur sombre,
avec des taches au milieu en forme de rein. Les
inférieures sont très-larges, très-diversement
colorées, parfois rouges ou jaunes, souvent blanchâtres, avec une bordure noire plus ou moins
large. Les chenilles sont cylindriques, épaisses,
rases, veloutées, offrant deux séries longitudinales
de taches noires; elles se tiennent cachées, pendant le jour, sous les feuilles, les pierres, etc.,
vivent le plus souvent de plantes basses, parfois
de racines, et sont alors très-nuisibles à nos cultures. Presque toutes ont seize pattes : les unes
s'entourent d'un léger cocon, d'autres s'enterrent
profondément pour se chrysalider. Nous citerons :

La N. Gris-de-Lin (*Noctua Linogrisea*), dont les
ailes supérieures sont d'un gris blanchâtre vers la
côte et d'un gris rougeâtre vers le bord interne,
avec l'extrémité ferrugineuse. Les ailes inférieures
sont jaune fauve, avec une large bande noire. Le
corps est généralement d'un gris rougeâtre ou jau-

nâtre. Cette espèce, vulgairement appelée *la Lignée*, se montre en juillet.

La N. ORBONE ( *N. Orbona*, fig. 62 ) a les ailes supérieures brun-feuille morte, avec quatre lignes noires transverses, marquées de deux anneaux gris ; l'extrémité du bord est marquée d'une série de points noirs. Les secondes ailes, qui sont jaune-fauve, portent une lunule centrale et une bande

Fig. 62. — Noctuelle Orbone.

postérieure noires. Le corps est de la même couleur que les premières ailes. L'Orbone est très-commune aux environs de Paris ; on la rencontre fréquemment cachée derrière les volets des maisons de campagne.

La N. SUIVANTE ( *N. Subsequa* ) ressemble beaucoup à la précédente ; mais elle est plus petite, et l'extrémité de ses ailes supérieures présente un point noir qui n'existe pas dans l'Orbone.

Le genre SCOTOPHILE a pour principal représentant, chez nous, le S. DU SALSIFIS (*Scotophile Tragopogonis*), dont les premières ailes sont d'un brun sombre luisant, et présentent dans leur milieu trois petites taches noires qui ont valu à l'espèce le nom vulgaire de *Triponctuée*; les secondes ailes sont d'un gris livide, avec un léger reflet rougeâtre; le corps est noir, avec des poils d'un gris rougeâtre à la base de l'abdomen. Commune dans toute l'Europe, cette espèce fait son apparition en juillet.

La MANIA MAURE (*Mania Maura*) est un Lépidoptère sombre, d'assez grande dimension, ayant les ailes larges, dentelées, en toit écrasé, et non croisées l'une sur l'autre pendant le repos. Les supérieures sont d'un gris obscur, qui devient rougeâtre en approchant de la côte, avec plusieurs bandes flexueuses parallèles au bord postérieur; les inférieures sont d'un brun noirâtre, avec deux bandes grises transverses; la femelle diffère du mâle en ce qu'elle est moins colorée. Cette espèce habite toute la France et se trouve, de la mi-juillet à la mi-septembre, sous les ponts, dans le voisinage des moulins à eau et des usines. La chenille vit de plantes basses dans les lieux humides, et se cache sous les feuilles pendant le jour.

Le genre CATOCALE (*Catocala*) se compose de grands Lépidoptères remarquables par les couleurs brillantes de leurs ailes inférieures, qui font opposition avec les teintes brunes et foncées des ailes supérieures, lesquelles sont larges, dentelées et traversées par des lignes en zigzag. Ces insectes ont l'habitude de se tenir sur le tronc des arbres, où on les aperçoit difficilement, tant les nuances de leurs premières ailes, qui recouvrent les autres, se confondent avec la couleur de l'écorce. Ainsi posés, ou plutôt suspendus (car ils se suspendent presque toujours dans une position verticale), ils échappent fréquemment aux recherches du chasseur, alors même que celui-ci a remarqué de loin l'endroit où ils se sont abattus. « Après l'avoir vu se poser sur un tronc d'arbre à quelque distance, dit M. Guénée au sujet d'un de ces papillons, j'y courus vivement pour ne pas lui laisser le temps de s'échapper : là, une recherche digne de la patience la plus exercée ne me fit rien découvrir ; je crus m'être trompé et j'examinai les arbres voisins ; enfin je m'éloignais de guerre lasse, quand une pierre que je jetai par dépit contre le tronc qui m'avait fait perdre tant de temps fit partir l'insecte précisément de l'endroit que j'avais le mieux exploré. » Du reste, les Catocales sont fort alertes et s'envolent à la moindre alarme. Leur vol est saccadé et court, et elles ne tardent pas à se dérober aussitôt qu'elles trouvent un arbre ou un mur.

Les chenilles se tiennent, pendant le jour, étroitement cramponnées aux branches et aux troncs des arbres qui leur servent de nourriture, et elles sont très-difficiles à découvrir, tant leurs couleurs sont semblables à celles des corps sur lesquels elles sont placées. Ces chenilles ont une habitude très-singulière : quand elles sont inquiétées, elles courbent en arc un des côtés de leur corps, et le débandant ensuite comme un ressort, elles exécutent de vrais sauts de carpe.

La C. DU FRÊNE (*C. Fraxini*) a les ailes supérieures gris cendré et traversées de lignes ondulées ; les inférieures sont noires et leur milieu est traversé par une bande bleue. Le corselet est gris cendré et l'abdomen noir. L'insecte parfait aime surtout à se poser sur le tremble. Quant à la chenille, elle vit sur le chêne, l'orme, et de préférence le frêne. Elle est d'un jaune grisâtre, avec une multitude de points noirs ; près de l'extrémité du corps se trouve une protubérance d'un noir bleuâtre. Avant de se transformer en chrysalide, elle s'enferme dans un cocon soyeux d'un tissu lâche, entouré de feuilles. Cette Catocale se montre depuis les premiers jours d'août jusqu'à la fin de septembre. On la rencontre alors fréquemment dans le voisinage des étangs et des cours d'eau.

Fig. 63. — Catocale Mariée.

La C. MARIÉE (*C. Nupta*, fig. 63) se trouve, sur le tronc des saules, dans presque toute la France, de la mi-juillet à la fin de septembre. Dans cette espèce, les ailes supérieures sont d'un gris cendré entremêlé de parties plus claires, avec trois lignes noirâtres transverses; au centre, on remarque deux taches orbiculaires contiguës. Les ailes infé-

rieures sont d'un rouge-carmin, avec deux bandes
noires transverses, dont la postérieure, beaucoup
plus large, est bordée par une frange blanche. Le
corps est cendré.

La C. Fiancée ( *C. Sponsa* ), un peu plus
petite que la précédente, avec laquelle elle a beaucoup de ressemblance, a les ailes supérieures cendrées, avec des bandes transverses brunes, des
raies anguleuses noires et grises, et une suite de
points noirs près du bord postérieur. Les ailes inférieures sont d'un rouge vif, avec deux bandes
noires, dont l'intérieure est étroite, en forme de
raie sinueuse. Cette espèce est très-commune sur
le tronc des gros chênes, au commencement de
juillet. C'est surtout sa chenille qui, pendant le
jour, se réfugie dans les lichens des arbres pour se
soustraire à la vue de ses ennemis, ses couleurs
variées de gris et de brun se confondant parfaitement avec celle de ces cryptogames desséchés.
Plusieurs fois déjà nous avons eu occasion de faire
remarquer la prévoyance extrême de la nature,
qui, pour empêcher la destruction de ses créatures,
leur a donné mille moyens d'échapper à leurs ennemis, et nous devons surtout signaler cet instinct
merveilleux, cette intelligence, en quelque sorte,

qui fait que beaucoup d'insectes recherchent, pour s'y placer, des corps qui ont la même couleur qu'eux, afin qu'on ne puisse les découvrir que difficilement.

La C. Promise (*C. Promissa*) a les premières ailes gris obscur avec une double tache blanche sur le disque. Les secondes ailes sont cramoisi vif et présentent deux bandes, la postérieure large, l'antérieure étroite en forme de 3. La femelle diffère du mâle en ce que la tache blanche des ailes supérieures est en forme de bande et descend jusqu'au bord interne de ces ailes. Moins commune que la *Sponsa*, on la rencontre, aux environs de Paris, en juin et juillet.

Les CALOCAMPES, Noctuélides très-voisins des Catocales, sont remarquables par l'habitude qu'ils ont de se laisser tomber sur le sol, à la moindre alarme, en rassemblant leurs ailes, leurs antennes et leurs pattes autour du corps. On les prendrait alors plutôt pour de petits morceaux de bois que pour des insectes, et ils échapperaient certainement aux recherches de toute personne peu au courant des habitudes de ces curieux Lépidoptères. L'espèce la plus répandue est celle connue sous le nom de *Calocampa exoleta*, dont les ailes sont d'une jolie nuance brune, avec des taches jaune brillant et marron foncé. La chenille, que l'on trouve en automne sur diverses plantes, mais particulièrement sur l'épinard, la laitue et l'asperge, est d'un beau vert ; elle porte sur le dos une double rangée longitudinale de points blancs, séparée par une ligne jaune.

## TORTRICIDES. — TORTRICIDÆ

Le caractère le plus saillant des Lépidoptères de cette famille est d'avoir la côte des premières ailes plus ou moins arquée à sa base, ce qui leur donne une physionomie toute particulière et les a fait appeler *Phalènes chapes* par Geoffroy, et *Papillons aux larges épaules* par Réaumur ; d'où le nom plus scientifique de Platyomides ($\pi\lambda\alpha\tau\acute{u}\varsigma$, large ; $\H{\omega}\mu o\varsigma$, épaule), sous lequel on les désigne dans quelques ouvrages d'entomologie. Ils ont la trompe distincte et les antennes simples. Presque tous se font remarquer par leurs couleurs vives et variées, quelquefois métalliques. Il ne manque que la taille à ces Lépidoptères, dit M. Desmarest, pour attirer l'attention des amateurs, car rien de plus agréablement nuancé que les couleurs dont ils sont ornés pour la plupart. Quelques-uns même offrent sur leurs ailes l'éclat de métaux précieux. La nature, en les formant, semble s'être complue à reproduire, sur une plus petite échelle, les plus remarquables des autres tribus. Il faut chercher ces papillons dans les vergers, dans les jardins, les allées sombres des bois, les charmilles, etc. Leur vol est rapide, mais court, et n'a lieu qu'au crépuscule du soir. Ils se montrent du printemps à la fin de l'automne, mais surtout en été.

Leurs chenilles habitent, pour la plupart, dans des feuilles tantôt roulées en cornet, tantôt repliées sur les bords, tantôt réunies en paquet, ce qui leur a valu le nom de *Tordeuses* ou de *Plieuses de feuilles*. Lorsqu'on les touche, elles font prendre à leur corps des inflexions semblables à celles des serpents, et souvent tâchent de fuir en marchant à reculons.

Le groupe principal de cette famille, celui des TORTRIX, plus communément appelés Pyrales (*Pyralis*), se distingue par des antennes filiformes, un corselet ovale et un abdomen cylindro-conique, terminé par une pointe chez les femelles, et par une houppe de poils chez les mâles. Les chenilles, bien que de petite taille, sont excessivement voraces et causent un grand préjudice aux arbres des vergers et des forêts. Telle est celle de la PYRALE VERTE A BANDES (*Pyralis* ou *Tortrix Quercana*), qui habite l'aune et surtout le chêne, où elle se construit sur les feuilles une coque de soie en forme de bateau renversé. L'insecte parfait, vulgairement appelé *Chape verte à bandes*, est la plus grande espèce du genre. Ses ailes supérieures sont d'un beau vert, blanchâtre en dessus, et marquées de deux lignes obliques ; les inférieures sont blanches.

Mais l'espèce la plus connue de toutes est la fameuse PYRALE DE LA VIGNE (*Pyralis Vitis*), dont beaucoup de naturalistes font aujourd'hui un genre à part, sous le nom d'*OEnophthira* (οἴνη, vigne ; φθείρω, je détruis), parce que sa chenille, au lieu de se renfermer, comme celles des véritables Tortrix, dans des feuilles roulées en cornet, enlace de ses innombrables fils les bourgeons, les feuilles et les fleurs à mesure qu'ils se succèdent, de manière à s'en former un réduit inextricable, où elle trouve à la fois abri et nourriture. En France, elle ne s'attaque qu'à la vigne, mais, en Allemagne, on l'a parfois trouvée sur diverses plantes herbacées. Arrivée à tout son accroissement, cette chenille, d'un vert jaunâtre, a deux centimètres de longueur environ.

Pour construire leur demeure, plusieurs chenilles se réunissent, et elles viennent attaquer en commun les vaisseaux nourriciers du pétiole des feuilles encore tendres ; elles les font ainsi flétrir, puis elles y attachent quelques-unes des feuilles voisines pour se former dans leurs replis un toit protecteur contre les intempéries de l'atmosphère. Elles n'en sortent qu'autant qu'elles ont besoin de pourvoir à leur nourriture, en allant dévorer aux alentours, surtout pendant la nuit, les jeunes tiges, les feuilles et les grappes qu'elles entremêlent, agglomèrent et font adhérer les unes aux autres en paquets informes qui se dessèchent ou pourrissent. Elles finissent par détruire ainsi les espérances des plus belles récoltes.

La chrysalide, qui est d'un brun foncé, se loge dans la cavité que la chenille occupe. Le papillon (fig. 62) a les ailes d'un verdâtre foncé, avec trois bandes obliques, noirâtres, dont la troisième terminale. Il paraît dans les premiers jours d'août, et dépose ses œufs à la surface des feuilles, où ils forment de petits tas d'une nuance jaune. Vingt jours après la ponte, ils sont éclos. Les petites chenilles attaquent immédiatement le parenchyme de la feuille, et se retirent dès les premiers froids sous les portions soulevées et les fibres de l'écorce au bas des ceps, ou dans les petites fentes des échalas,

Fig. 64. — Pyrale de la Vigne.

pour en sortir aux premiers beaux jours du printemps, quand la vigne commence à bourgeonner.

De 1835 à 1840, les ravages exercés par la Pyrale dans les vignobles du Mâconnais et du Beaujolais prirent les proportions d'une grave calamité : c'étaient chaque année des millions que dévoraient les mandibules microscopiques de ce ver rongeur. Le gouvernement, ému des doléances des malheureux vignerons, chargea un naturaliste distingué, M. Victor Audouin, d'étudier les mœurs de ce redoutable insecte et de trouver un moyen de combattre ses ravages. Le savant s'acquitta admirablement de la première partie de sa tâche, mais fut moins heureux dans la seconde. Il était réservé à un simple cultivateur de la Romanèche, nommé Benoît Raclet, de résoudre le problème. Sachant que les chenilles se réfugient en hiver dans les fissures du bois, Raclet mit à profit cette notion pour détruire l'ennemi dans son repaire au moyen d'arrosages à l'eau bouillante. Le succès de cet échaudage fut complet, et, grâce à cette simple précaution, la Pyrale est devenue aujourd'hui bien moins redoutable que jadis.

Les compatriotes de Raclet ont élevé à la mémoire de ce modeste bienfaiteur de la viticulture un monument autour duquel, tous les ans, se célèbre une charmante fête champêtre.

Le genre CARPOCAPSA (de καρπος, fruit; et καψις, action de dévorer), établi aux dépens des Tortrix, pour quelques différences dans la forme des ailes, renferme un petit nombre d'espèces remarquables, tant par les couleurs métalliques dont elles sont ornées à l'état d'insecte parfait, que par la manière de vivre de leurs chenilles, qui habitent l'intérieur des fruits à pepins ou à noyau. Ces chenilles ne sortent de leur retraite que lorsqu'elles ont atteint tout leur développement, et pour se cacher dans les anfractuosités de l'écorce, ou même dans le sol, afin de s'y métamorphoser.

Les fruits de toutes sortes sont la proie de ces ennemis insaisissables et tombent avant leur maturité, frappés au cœur, dévorés en dedans, sans que rien ait pu faire voir au dehors que la place était envahie.

Ce qu'il y a de curieux, c'est qu'au milieu de tant de fruits qui font les délices de ces insectes, on en voit quelques-uns jouir d'une immunité difficile à expliquer : ainsi les prunes, celles dites *de Monsieur* principalement, sont très-sujettes à être véreuses, tandis que la pêche et l'abricot ne le sont presque jamais. Les noix, les noisettes, malgré leur dureté, n'échappent pas à la dévastation générale ; mais nos lecteurs comprendront facilement pourquoi, lorsque nous leur aurons fait connaître les mœurs de ces curieux insectes.

Prenons pour espèce type la plus connue par ses dégâts dans les vergers, la PYRALE DES POMmes (*Carpocapsa Pomonana*). Sa chenille vit dans l'intérieur des pommes et des poires, dont elle mange les pepins avant d'entamer les parties environnantes. Voici comment elle se trouve logée au centre d'un fruit sans qu'on s'aperçoive au dehors par où elle y est entrée, car les pommes ou les poires dites véreuses, c'est-à-dire qui présentent un trou à l'extérieur, ne contiennent plus de chenille, ainsi que nous allons le voir. Les papillons, on s'en souvient, ne déposent jamais leurs œufs à l'aventure ; ils ont l'attention de les placer de manière que les jeunes chenilles puissent, dès l'instant de leur naissance, trouver des aliments convenables et tout prêts. Aussi, quand il s'agit de fruits, la mère n'attend-elle pas qu'ils soient développés et que leur écorce se soit durcie ; elle colle ses œufs sur ces fruits tout à fait jeunes, avant que les pétales de la fleur soient tombés, et c'est quelquefois entre ces pétales mêmes qu'elle les laisse, contre le pistil, qui est l'embryon du fruit. Ainsi, dans l'espèce qui nous occupe, la pomme ou la poire est à peine *nouée* quand la Pyrale femelle y dépose son œuf. Cet œuf ne tarde pas à éclore, et la chenille, qui en sort, perce un trou pour pénétrer jusqu'au cœur du fruit, qui

n'en continue pas moins à grossir. Or, ce trou
étant proportionné à la grosseur de la chenille, à
peine grosse comme un crin à l'époque de son
éclosion , on conçoit qu'il s'oblitère facilement, et
qu'au bout d'un certain temps il n'en reste plus
aucune trace à l'extérieur. Cette chenille, qui se
trouve toujours seule dans un fruit, parvient ordinairement à toute sa taille à la fin de juillet ou
au commencement d'août, c'est-à-dire lorsque les
pommes et les poires sont aux deux tiers de leur
grosseur. Elle peut avoir alors deux centimètres
de longueur. Lorsque l'époque de sa transformation arrive, elle sort du fruit par un trou qu'elle
perce du centre à la circonférence : ce qui explique
pourquoi les fruits qui offrent un trou à l'extérieur
ne contiennent plus de chenilles. Elle se retire
alors sous l'écorce de l'arbre ou dans le sol, et s'y
fabrique une coque d'un tissu blanc et serré, mêlé
de parcelles de bois rongé ou de débris de feuilles
sèches. Elle passe ainsi toute la mauvaise saison et
ne se change en chrysalide qu'en mai ou juin
de l'année suivante, pour devenir insecte parfait
trois semaines après, c'est-à-dire au moment où
les pommes et les poires se nouent. Le papillon
(fig. 65), très-petit, est fort joliment paré ; ses

ailes sont d'un fond gris de fer, tout barré et tacheté de nuances cuivrées.

L'HERMINIE MUSELIÈRE (*Herminia Rostralis*) appartient à un groupe de Tortricides caractérisé par la disposition toute particulière des ailes, qui forment avec le corselet, sur le côté duquel elles s'élèvent, une sorte de delta. Latreille en avait formé sa tribu des *Deltoïdes*. Ce papillon a les ailes d'un gris noirâtre, avec des taches, une ligne

Fig. 65. — Carpocapse de la Pomme.

transverse plus claire et trois points saillants noirs. Elle habite en été dans les bois. Sa chenille est une *Plieuse de feuilles ;* elle se fabrique une retraite qui ressemble à une sorte de boîte aplatie, et dont la saillie sur la feuille ne dépasse pas ordinairement le diamètre du corps de la chenille : c'est un voile d'une finesse extrême, tendu et fixé dans tout son contour sous l'une des surfaces de la feuille, plus ou moins plié en cet endroit. Retirée sous cette petite tente de soie, la chenille s'y nourrit du parenchyme de la feuille renfermé dans le réseau formé par l'entrelacement des nervures et des petites fibres ; ces fibres ne sont jamais entamées par la chenille, non plus que l'épiderme qui revêt le côté de la feuille opposé à celui où l'insecte a établi sa demeure.

Nous ne terminerons pas l'histoire des Tortricides sans parler du curieux groupe des Hydrocampes (*Hydrocampa*), dont les chenilles ont ceci de très-remarquable que leur vie est exclusivement aquatique. « Ces chenilles, dit M. Guénée, se nourrissent de diverses plantes fluviatiles : Nymphæa, Potamogeton, Lemna, etc., et, comme la plupart de ces plantes sont en partie submergées ou flottantes, ou du moins entourées d'eau de toutes parts, il fallait à ces larves des moyens exceptionnels pour traverser le liquide et même demeurer en contact presque constant avec lui. C'est à quoi la nature a pourvu, non pas d'une manière uniforme, mais en variant ses moyens avec sa fécondité ordinaire. Ainsi elle a appris aux *Hydrocampa* à se tailler, dans les feuilles du *Potamogeton natans*, un fourreau siliqueux composé de deux pièces réunies par leur concavité, et étroitement collées sur leurs bords, avec une seule ouverture pour passer la tête et les trois premiers anneaux, quand l'insecte veut manger ou changer de place ; ouverture qui se ferme hermétiquement par son ressort naturel aussitôt que l'animal est rentré tout entier, et qui devient ainsi d'une complète imperméabilité. Aux *Catachysta* (subdivision du genre Hydrocampe), qui se nourrissent de feuilles trop petites pour pouvoir être renfermées entre deux d'entre elles, la nature a montré à construire un tuyau cylindrique avec de la soie et à le consolider avec des feuilles appliquées par-dessus. Enfin, aux *Paraponyx* (autre subdivision du même groupe), pour lesquelles ces moyens eussent été insuffisants, puisqu'elles vivent sur des plantes absolument submergées, elle a donné des branchies qui leur permettent de décomposer l'air contenu dans l'eau, et en font de véritables amphibies, puisqu'elles sont pourvues en même temps de stigmates pour respirer l'air ordinaire, comme toutes les autres chenilles. C'est par ces moyens si différents qu'elle est arrivée à soumettre les plantes aquatiques aux mêmes chances de destruction que les plantes qui, vivant sur la terre, sont accessibles à tous les insectes, ou plutôt, car la destruction n'est pas son but, à utiliser les végé-

taux qu'elle avait placés dans des conditions ex-
ceptionnelles, et à les astreindre à la solidarité
qu'elle a établie entre tous les êtres. »

Les chrysalides restent placées dans les milieux
où leurs chenilles ont vécu : elles sont enveloppées
dans des coques construites avec de la soie et des
débris de feuilles.

Arrivées à l'état d'insecte parfait, les Hydrocampes conservent encore de l'intérêt. Ce sont de
jolis papillons à fond blanc, avec des lignes fines
bien tranchées et imitant des broderies que rehaus-
sent encore de jolis filets d'un jaune fauve ou doré.
Ces charmants insectes habitent exclusivement le
bord des ruisseaux ou des étangs, et s'accrochent,
à l'aide de leurs longues pattes, aux feuilles des
roseaux, des *carex*, des joncs et des autres plantes
qui s'élèvent au-dessus de la surface de l'eau. La
moindre agitation causée à ces plantes, fût-ce celle
imprimée par le vent, suffit pour les faire déguer-
pir, et ils se mettent alors à voler avec une certaine
nonchalance, en se laissant pour ainsi dire pousser
par la brise ; puis, bien vite fatigués, ils saisissent
une nouvelle feuille pour se reposer.

L'Hydrocampe du Nénufar ( *H. Nymphæalis* )
n'a guère que deux centimètres d'envergure ; ses

ailes, d'un blanc nacré, sont divisées en plusieurs taches lisérées de noir et saupoudrées de jaune. Elle est très-commune sur le bord des étangs, des ruisseaux, etc., en juin et juillet.

L'Hydrocampe de la Lemna (*Catachysta Lemnalis*), dont la chenille est pourvue de trachées, se trouve également au bord des eaux peu courantes. Le papillon diffère surtout des autres Hydrocampes par une bande ocellée qui orne les ailes postérieures.

### PHALÉNIDES. — PHALENIDÆ

Les Phalénides ont le corps grêle ; la trompe membraneuse, peu allongée et presque nulle ; les palpes petits ; les ailes amples en toit aplati. Leurs chenilles sont celles que l'on désigne sous le nom d'*Arpenteuses* ou de *Géomètres,* en raison de leur démarche toute particulière. Ces chenilles (fig. 66) se font en outre remarquer par une singulière habitude, celle de s'accrocher avec leurs pattes de derrière et de tenir le reste du corps élevé en avant et raide comme un morceau de bois. Dans cette position, elles paraissent faire partie de la plante qui les supporte. Néanmoins, les entomolo-

gistes savent parfaitement les découvrir au moyen
d'une ruse fort simple : ils frappent de leur maillet
les branches des arbres qu'ils supposent habités
par ces insectes, et les chenilles effrayées se laissent immédiatement descendre à l'extrémité de

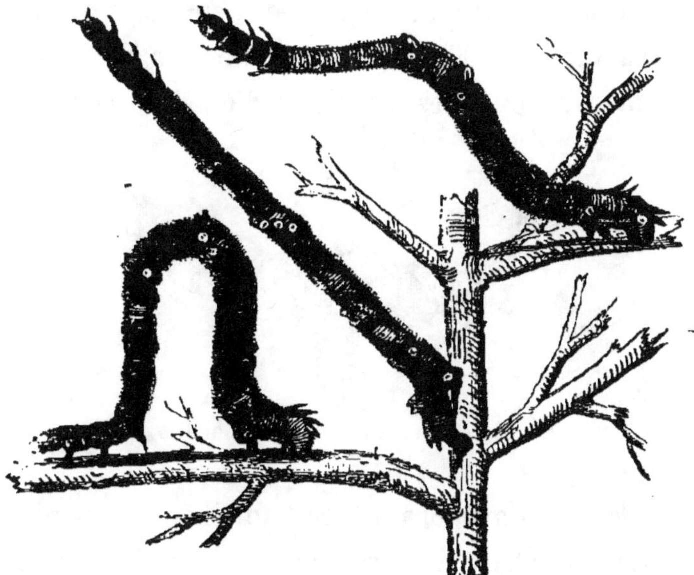

Fig. 66. — Chenilles Arpenteuses.

leurs fils soyeux : elles tombent ainsi entre les
mains du chasseur en voulant éviter un danger
qu'elles croient venir de l'arbre même.

Les Phalénides comprennent un assez grand
nombre d'espèces, réparties en plusieurs genres,

dont les mœurs ne sont malheureusement pas très-connues. Nous mentionnerons :

La Phalène du Sureau (*Ourapteryx Sambucaria*), espèce plus commune dans les départements du Nord que dans le reste de la France ; ses ailes sont jaune-soufre, marquées de deux raies brunes ransversales. Elle se tient ordinairement appliquée contre les branches des arbres, d'où il est facile de

Fig. 67. — Phalène prodromaire.

la déloger en frappant avec le maillet. La chenille est brune et vit sur divers arbustes, mais de préférence sur le saule, le tilleul et surtout le sureau, sa plante favorite. Son cocon, entouré de feuilles, est suspendu aux branches par un léger filet soyeux.

La Phalène Piniaire (*Phalœna Piniaria*), qui est d'un brun-rouge, et dont la chenille verte, rayée de blanc et de jaune sur les côtés, vit sur le pin sylvestre.

La Phalène du Bouleau (*Phalæna Betularia*), dont les ailes sont blanches, avec une multitude de petits points noirs.

La Phalène Prodromaire (*Ph. Prodromaria*, fig. 67), très-commune dans toute la France, paraît au début du printemps. Ses ailes, d'un blanc grisâtre, sont marquées de taches et de

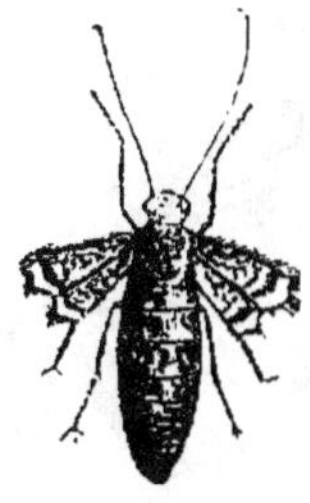

Fig. 68 et 69. — Phalène Hyémale, mâle et femelle.

points noirs ou brunâtres. Certains nomenclateurs en font le type du genre *Amphidasis*.

La Phalène Hyémale (*Cheimatobia Brumata*), (fig. 68 et 69), qui appartient à un groupe chez lequel les femelles n'ont que des rudiments d'ailes. Cette espèce est parfois très-abondante, et sa chenille fait un tort considérable aux vergers, en dévorant les bourgeons des arbres fruitiers de très-bonne heure, au printemps.

Citons encore la Phalène Défeuillée (fig. 70 et 71), dont la femelle est entièrement aptère, marquée de taches noires sur le dos; à abdomen pointu, elle ressemble à une araignée allongée.

Nous ne saurions mieux terminer l'histoire des Phalènes que par l'extrait suivant du charmant ouvrage de M. Maurice Girard, sur les Métamorphoses des insectes : « On peut appeler certaines

Fig. 70 et 71. — Phalène Défeuillée, mâle et femelle.

Phalènes, les papillons de l'hiver. On ne se doute guère que des papillons volent par les soirées brumeuses du mois de novembre. C'est pourtant ce qui arrive aux mâles des *Hibernia*. On trouve facilement au commencement de novembre les femelles des Phalènes *défeuillée* et *hyémale* dans une singulière station, sur les candélabres à gaz de certaines promenades publiques, par exemple, des routes du bois de Boulogne, soit qu'elles aient grimpé, attirées par la lumière, soit que les mâles ailés les y transportent. En février et mars apparaissent d'autres espèces analogues. On peut citer parmi elles, comme type nouveau de femelles sans ailes, la *Phalène œsculaire*, à femelle cylindrique, couverte de brosses de poils étagées, dont l'abdomen se termine par une houppe. Nous trouvons aussi, près de Paris, dans les prairies qui entourent le confluent de la Seine et de la Marne, à la fin du mois de mars, la *Nyssia zonaria*, dont les mâles restent pendant le jour immobiles sur l'herbe, et dont les femelles, à moignons d'ailes, sont très-poilues. »

Nous ajouterons que cette dernière espèce, naguère très-abondante à l'extrémité du pont d'Ivry, dans l'immense prairie située entre Maisons et Alfort, y devient assez rare à cause des nombreuses recherches des amateurs et par suite de la mise en culture d'une partie de la localité. Il est même à craindre de la voir disparaître entièrement, comme cela a eu lieu déjà pour plusieurs espèces qui étaient communes autrefois aux environs de Paris, et qu'on y chercherait vainement aujourd'hui.

## TINÉIDES. — TINEIDÆ

Les Tinéides sont les plus petits Lépidoptères connus, mais ils ne le cèdent pas en ornementation aux espèces les plus grandes ; les ailes présentent souvent des taches ou des points dorés, argentés et en relief placés principalement sur les ailes supérieures. Du reste, leur couleur générale est habituellement sombre. Malheureusement, beaucoup de ces insectes nous sont très-pernicieux à l'état de chenille ; leurs ravages s'étendent sur les étoffes de laine, les fourrures, les crins, les collections d'histoire naturelle ; certaines espèces se logent dans les ruches, dont elles mangent le miel ; d'autres dévorent nos céréales.

Ces chenilles sont complétement rases et se tiennent cachées dans des habitations en forme de fourreau, qu'elles se construisent avec la substance dont elles se nourrissent et qu'elles traînent avec elles ou qu'elles fixent d'une manière immobile.

La famille des Tinéides comprend environ mille espèces formant un nombre considérable de genres, dont le plus important est celui des Teignes proprement dites. Tous ces papillons présentent un ca-

ractère commun qui les fait aisément reconnaître :
c'est d'avoir le corps de forme presque linéaire et
enveloppé par les ailes, qui sont très-allongées.
Nous citerons les espèces les plus remarquables ou
les plus connues par leurs dégâts.

Les GALLÉRIES sont des papillons d'un gris
obscur, de dix à quinze millimètres de longueur,
qui, dans le jour, se cachent autour des ruches et

Fig. 72. — Gallerie de la Cire.

s'y introduisent la nuit pour sucer le miel et y
déposer leurs œufs. Leurs chenilles nuisent surtout à la cire, qu'elles mangent et qu'elles em-
ploient dans la construction de leurs nids. On en
connaît plusieurs espèces, parmi lesquelles nous
mentionnerons : la G. DE LA CIRE (*Galleria Ce-
reana*, fig. 72), qui est cendrée, avec la tête et le
thorax plus clairs et de petites taches brunes le long
du bord interne des ailes supérieures. Cette espèce

va pondre ses œufs sur les gâteaux, afin que les chenilles qui en sortiront trouvent immédiatement de la cire pour leur nourriture, et elle profite du peu de clarté du crépuscule pour s'introduire dans la ruche. De chacun des œufs éclôt une chenille d'un blanc sale, à tête brune et écailleuse, qui s'enferme dans un tuyau de soie qu'elle colle contre les rayons ; pour prendre sa nourriture, elle allonge sa tête hors de cette petite galerie que, du reste, elle quitte bientôt pour se filer une coque, devenir papillon et sortir de la ruche. Mais elle y rentre un peu plus tard pour pondre à son tour. Les édifices si laborieusement construits par les abeilles seraient promptement détruits par cette vermine, si les abeilles ne s'opposaient à leurs dévastations soit en arrachant les Teignes de leurs galeries, et les emportant au vol pour les jeter loin de la ruche, soit en faisant une garde sévère pendant la nuit à la porte de leur habitation. On peut voir, au clair de lune, ces sentinelles vigilantes rôder autour de la ruche ; leurs yeux, qui ne sont sensibles qu'à une grande clarté, ne distinguent les objets que très-confusément ; mais un tact exquis supplée chez elles au défaut de la vue : leurs antennes, toujours étendues en avant, se dirigent alternativement à droite et à gauche : malheur à la Teigne si elle ne parvient pas à échapper à leur contact; aussi cherche-t-elle avec une merveilleuse adresse à se glisser entre les gardiennes, en évitant soigneusement la rencontre de cet organe mobile, comme si elle savait que sa sûreté dépend de cette précaution.

On doit à Réaumur une observation singulière : c'est qu'une chaleur considérable, sensible à la main, se dégage des gâteaux envahis par les Galléries.

Deux autres espèces, les *G. Colonella* et *Anella*, exercent les mêmes ravages dans les nids des bourdons du genre Bombus.

Les TEIGNES proprement dites ont la tête large et velue, le corselet ovale et l'abdomen cylindrique, terminé par un bouquet de poils, chez les mâles, en pointe chez les femelles. Leurs chenilles, vulgairement appelées *vers*, sont de couleur blanchâtre et à huit pattes, c'est-à-dire qu'elles n'ont que deux pattes membraneuses qui leur servent à se tenir cramponnées dans leurs fourreaux, où elles paraissent comme emmaillottées ne laissant passer que la partie antérieure du corps. Chez ces chenilles, les six pattes écailleuses servent seules à la locomotion.

La TEIGNE DES DRAPS (*Tinea Sarcitella*, fig. 73) est d'un gris argenté et porte un point blanc de chaque côté du thorax. Sa chenille se trouve sur les draps et les étoffes de laine ; la peau de cette larve nue, tendre et délicate, a besoin d'une enveloppe protectrice ; le dra p qui nourrit l'insecte lui

Fig. 73. — Teigne des Draps.

fournit aussi le logement. Pour cela, la chenille rassemble les particules de laine qu'elle a hachées, les arrange autour d'elle et en forme avec sa soie une sorte de fourreau cylindrique dans lequel elle se trouve à couvert. Pour manger, elle n'a qu'à avancer la tête hors de sa loge, et, lorsqu'elle a tout dévoré autour d'elle, elle se cramponne en avant à l'aide de ses pattes écailleuses, et entraîne son fourreau qui est retenu par les deux pattes anales. De cette manière, elle va chercher ailleurs sa nourriture.

Au fur et à mesure de sa croissance, l'insecte allonge et élargit l'étui qui l'enveloppe, et pour cette dernière opération, il le fend dans toute sa longueur et y adapte un morceau composé de la même façon et des mêmes matériaux que le reste de cette ingénieuse demeure. On peut à volonté lui faire fabriquer un habit d'arlequin, soit en lui donnant à manger de la laine de diverses couleurs, soit en transportant l'animal avec son fourreau sur des morceaux de draps de diverses nuances.

La T. DES TAPISSERIES (*T. Tapezana*) a les ailes supérieures noires, leur extrémité postérieure blanche, ainsi que la tête. La chenille, comme celle de l'espèce précédente, attaque les draps et les étoffes de laine ; elle se cache sous une voûte ou demi-tuyau qu'elle forme de leurs parcelles et qu'elle allonge en s'avançant.

La T. DES PELLETERIES (*T. Pelloniella*) a les ailes supérieures d'un gris argenté, avec un ou deux points noirs sur chacune. Sa chenille vit dans un tuyau feutré sur les pelleteries, dont elle coupe les poils à la racine et qu'elle détruit rapidement. On n'estime pas à moins de 500,000 francs le chiffre de la perte annnelle qu'à Paris seulement cette Teigne et les deux espèces précédentes font éprouver aux fourreurs et aux négociants en draps ou en lainages. Le meilleur moyen de se préserver de leurs ravages, c'est d'aérer, de battre et de secouer fréquemment, en été, les pelleteries ou les étoffes qui peuvent être envahies par ces larves ; ces insectes, en effet, aiment la tranquillité

Fig. 74. — OEcophore du Prunier.

et l'obscurité : ils quittent bientôt une retraite où ils sont souvent inquiétés.

La T. a Front jaune (*T. flavifrontella*) a la tête fauve, les ailes supérieures cendrées, sans taches, les inférieures blanches. Cette espèce cause de grands dégâts dans les collections d'histoire naturelle, notamment celles des Lépidoptères, car elle roule et lacère les ailes des papillons pour s'en faire un fourreau.

La Teigne ou OEcophore du Prunier (*OEco-*

*phora Pruniella*, fig. 74), appartient à un groupe dont les chenilles vivent aux dépens des substances végétales. Sa larve se trouve, en mai, sur différentes espèces d'arbres et d'arbustes, principalement sur le prunellier et le noisetier, dont elle roule les feuilles en cornet pour s'en faire une demeure, qu'elle tapisse à l'intérieur d'un tissu soyeux, blanchâtre, très-serré. Parvenue à toute sa taille vers la fin de mai, elle sort de sa retraite pour aller se métamorphoser dans la mousse, où elle se file une coque composée de deux tissus, dont l'externe, en forme de treillis, laisse voir l'interne, qui est serré et de forme allongée. Le papillon se montre depuis le milieu de juin jusqu'à la fin de juillet. Les premières ailes sont d'un brun ferrugineux, avec l'extrémité d'un blanc de neige et quelques points noirâtres au sommet. Les ailes inférieures sont grisâtres.

Certaines teignes vivent dans des fourreaux fortifiées par des débris de substances végétales ; tantôt ce sont des morceaux de feuilles, comme chez les Adèles, dont nous parlons plus loin, tantôt ce sont des brins de paille ou des tiges d'herbes sèches, des morceaux d'écorce, etc. Tel est le fourreau de la Teigne de l'Hiéracium (*Psyche*

*Hieracii*), de la *Psyché du Gramen* (fig. 75 et
76), etc. Ces derniers papillons sont remarquables
par l'absence complète des ailes chez les femelles,
qui ressemblent tout à fait aux chenilles et, en
général, ne sortent pas du fourreau de celles-ci ;
quant aux mâles, à antennes pectinées, ils sont
d'un gris noirâtre et volent très-rapidement.

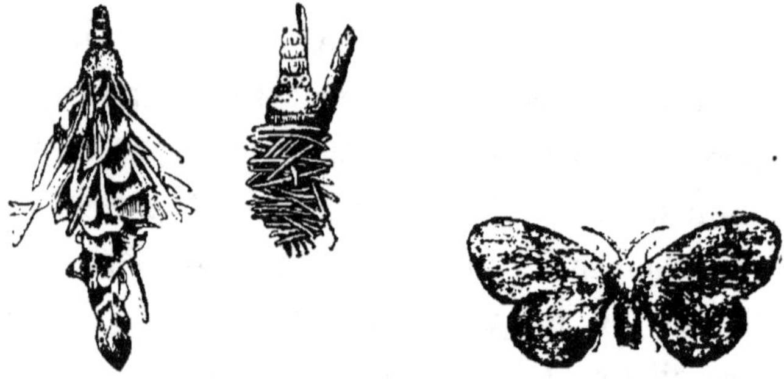

Fig. 75 et 76. — Psyché du Gramen,
chenille et papillon mâle.

N'oublions pas de mentionner la TEIGNE DES
GRAINS (*Tinea Granella*), un des fléaux des greniers à blé, et qui attaque aussi le seigle et l'avoine.
Sa chenille lie plusieurs grains de blé avec de la
soie blanche, et s'en forme un tuyau d'où elle
sort de temps en temps pour ronger ces grains.
Au moment de se transformer en chrysalide,
cette larve abandonne son fourreau, rampe le long

des poutres ou des planches des greniers, s'y suspend par la région postérieure du corps et parvient, en deux mois environ, à l'état d'insecte parfait. Le papillon a les ailes marbrées de gris, de brun et de noir; la tête, d'un blanc jaunâtre, est couverte de longs poils.

En terminant l'histoire de ce genre, si nuisible à l'homme, disons que Réaumur croit que la peinture pourrait tirer quelque avantage des matières excrémentitielles des Teignes, qui, en conservant la couleur des étoffes dévorées par l'insecte, ont en même temps la propriété de se laisser broyer à l'eau : c'est par l'expérience qu'on peut s'en assurer, et malheureusement jusqu'ici elle n'a pas été tentée. C'est à la chimie moderne de résoudre ce problème et de s'assurer si la nature, en créant les Teignes, n'a pas en même temps donné à l'homme et des ennemis et des auxiliaires; si, en un mot, les *Tinea* ne sont pas à la fois des insectes nuisibles et des insectes utiles.

Les YPONOMEUTES ($\upsilon\pi o\nu o\mu\epsilon\upsilon\omega$, je creuse), qui se rapprochent des Pyrales par certains traits, ont les ailes entières, les supérieures longues et étroites, les inférieures plus larges et plissées en éventail sous les premières, qui les recouvrent entièrement dans le repos ; les unes et les autres se moulent alors sur le corps, qui est cylindrique. Les chenilles, à seize pattes, sont couvertes de poils isolés et clair-semés.

L'YPONOMEUTE DU CERISIER (*Yponomeuta Padella*) a le dessus des premières ailes d'un blanc laiteux, avec des points noirs formant des séries longitudinales ; les secondes sont plombées. Les chenilles (fig. 77) de cette espèce font un très-grand tort aux cerisiers, en détruisant leurs premières feuilles. D'après M. Guérin-Menneville, elles attaqueraient également les pommiers dans le Midi, et feraient périr un grand nombre de ces arbres. Chose assez remarquable, les poiriers placés à côté des arbres ravagés ne seraient jamais attaqués. Dans certaines localités, ces chenilles se montrent en quantité prodigieuse à peu près tous les trois ans, et dévastent entièrement les vergers ; mais on se résigne sans trop de peine à ce fléau, d'ailleurs inévitable, parce qu'on a remarqué que les années qui suivent son apparition, la récolte est bonne et presque toujours assurée. On a proposé divers moyens de détruire cet insecte : celui qui paraît réussir le mieux consiste à flamber légèrement, en hiver, les rameaux des arbres, pour roussir les chrysalides qui y sont attachées.

L'Y. PARENTE (*Yponomeuta Cognatella*) est une espèce plus nuisible encore que la précédente;

Fig. 77. — Yponomeute du Cerisier, chenilles.

très-redoutable aux pommiers, elle a causé quelquefois, en Normandie, des ravages incroyables et impossibles à combattre, tant l'insecte pullule. En 1838, année néfaste pour les propriétaires de ver-

gers, on a essayé d'arrêter ses dégâts par un échenillage continuel; mais l'expérience qu'on en fit
sur deux pommiers prouve que ce moyen était
impraticable, tant les nids de chenilles apparaissaient par milliers avec une rapidité inconcevable. Non-seulement les mutilations nombreuses,
par suite de l'échenillage, devenaient aussi nuisibles à l'arbre que la présence des chenilles, mais
même, après deux ou trois jours de soins constants
donnés à ces deux arbres, on fut forcé de les abandonner à eux-mêmes. Un vent brumeux du nord-
ouest est toujours le précurseur immédiat de
l'apparition de ces larves, et il exerce une influence
si évidente sur leur propagation, que les villageois
sont persuadés que c'est ce vent qui les transporte.
Ce qu'il y a de certain, c'est que plus il persiste,
plus la récolte de pommes est menacée. Du reste,
on ne saurait se figurer les ravages vraiment terribles que font ces chenilles. Non-seulement les
pommiers des campagnes de Normandie sont entièrement dénudés, mais ils offrent encore aux
regards des cultivateurs désolés le spectacle de
branches couvertes de milliers de larves affamées,
et qui, n'ayant plus rien à dévorer, pendent çà et
là en énormes grappes, contenues dans des poches

de soie blanche, longues de plus de soixante centimètres et grosses à proportion, tandis que le tronc
de l'arbre lui-même est enveloppé d'un blanc et
soyeux linceul qui ne laisse plus apercevoir l'é-
corce. Ce fléau, qui s'est montré plusieurs fois
depuis trente ans, a non-seulement annulé la récolte pour plusieurs années dans diverses localités,
mais il a encore détruit des quantités considérables d'arbres en plein rapport.

Le Fusain (*Evonymus*), cet arbrisseau, bien
connu de nos lecteurs, et qu'on trouve dans la
plupart des promenades publiques, est presque
toujours attaqué par la chenille d'une espèce d'Y-
ponomeute (l'*Yponomeuta Evonymella*), très-voisine de la précédente. En mai et juin, il serait à
peu près impossible de trouver, au bois de Boulogne ou de Vincennes, un seul pied de fusain qui
ne soit couvert de myriades de cette larve vorace.

Comme les chenilles des Yponomeutes produisent beaucoup de soie, on a cru pouvoir en tirer
partie, et l'on a essayé, en Allemagne, d'obliger
ces insectes à construire leur nid sur un moule
donné. On est ainsi parvenu à obtenir un tissu
léger et très-solide, dont on a fait des fichus pour

les dames. Mais ces essais n'ont pas été suivis, ce qui est regrettable ; nous allons souvent chercher au loin des animaux à acclimater, et nous avons certainement autour de nous des êtres utiles qui ne nous servent pas.

L'AGLOSSE DE LA GRAISSE (*Aglossa Pinguinalis*) est ainsi nommée parce que sa chenille, d'un brun noirâtre et luisant, se nourrit de substances graisseuses et butyreuses ; elle attaque aussi le cuir et la couverture des livres. Cette chenille est particulièrement luisante et cornée ; et, comme son séjour au milieu des matières grasses pourrait devenir un danger pour elle en bouchant ses stigmates, ce qui est une cause de mort presque instantanée pour les chenilles, qui se trouvent ainsi privées de respiration, la nature a disposé les anneaux de cette larve de telle sorte que ces organes se trouvent abrités par des plis latéraux.

Arrivée à l'état d'insecte parfait, l'Aglosse de la Graisse a les ailes supérieures gris-agate, avec des raies et des taches noirâtres ; on la trouve sur les murs, dans les habitations.

Les ADÈLES se distinguent de tous les autres

papillons par l'extrême longueur de leurs antennes,
qui dépasse de trois ou quatre fois celle du corps
chez l'A. DE RÉAUMUR (*Adela Reaumurella*), par
exemple. Ce petit papillon est noir, avec les ailes
supérieures dorées, sans taches; il vit dans les bois
sur les feuilles des arbres. Le fourreau de sa chenille est recouvert extérieurement de portions de
feuilles appliquées les unes contre les autres, et
formant des espèces de falbalas.

L'ADÈLE DE DE GEER (*Adela De Geerella*,
fig. 78) est encore une très-jolie espèce. Si, dans
les beaux jours d'été, vous vous promenez à travers bois, en observant avec soin les feuilles des
arbustes, dans les endroits bien couverts, vous
apercevrez souvent, brillant à la lumière, deux
longs filaments, semblables à des fils de toile d'a-
raignée, mais ayant un aspect irisé qui indique
qu'ils sont d'une autre nature. En y regardant de
plus près, on voit que ces deux minces fils appartiennent à un petit papillon roussâtre, qui se tient
sur la branche, les ailes pour ainsi dire collées à
l'écorce et laissant aller ses antennes au souffle de
la brise. Il est probable alors que d'autres individus de la même espèce volent aux alentours, dans
quelque rayon de soleil, ou circulent à travers le

feuillage, et cela avec une aisance qui paraît merveilleuse, eu égard à la longueur démesurée de leurs antennes.

Bien que la chenille de cette espèce vive sur

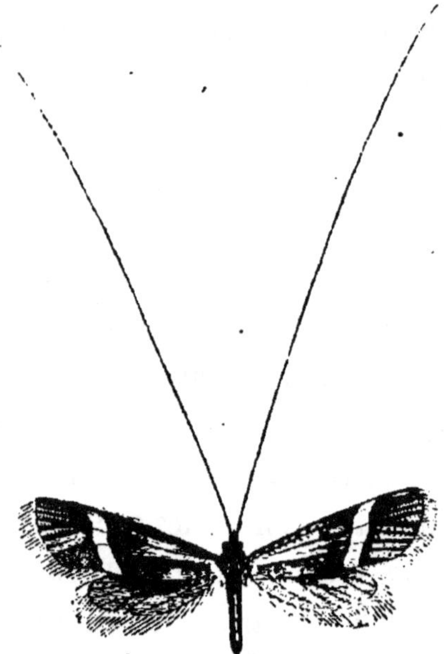

Fig. 78. — Adèle de De Geer.

divers arbres, elle paraît difficile à élever avec des feuilles de chêne. Pendant l'état de chrysalide, les antennes sont enveloppées dans un long fourreau qui tourne en spirale autour de la coque.

Les ALUCITES (*Alucita*), qui tiennent à la fois des Teignes, des Ptérophores et des Tortrix, sont de très-petits Lépidoptères à couleurs métalliques très-resplendissantes, caractère auquel fait allusion leur nom tiré du mot latin *alluceo*, éclairer, briller. Toutes les espèces de ce genre sont très-nuisibles à nos cultures; la plus connue par ses ravages est l'ALUCITE DU BLÉ, dont la vie, à l'état de larve, se passe dans un seul grain, qui suffit à sa nourriture, mais qu'elle épuise jusqu'à ne laisser que la simple peau, et sa multiplication va jusqu'à rendre presque nulles des récoltes entières. Cette chenille tient tellement à son berceau, que la graine étant semée et enfouie en terre, elle continue d'y vivre. Elle n'en sort qu'à l'état de papillon et sait fort bien se dégager du terrain. Mais comme l'insecte parfait est dépourvu d'instrument tranchant, il ne pourrait sortir des téguments du grain de blé; aussi la chenille lui prépare-t-elle une issue; elle entame circulairement ces téguments, sans détacher complétement le morceau, et le papillon n'a qu'à pousser cette sorte de trappe pour s'échapper. On a fait beaucoup de recherches pour arriver à détruire cet insecte; le meilleur procédé est celui indiqué par M. Doyère, et qui consiste à chauffer le blé jusqu'à 60 degrés (ce qu'on appelle le *soixanter*) : à cette température, la petite larve est détruite sans que le grain soit altéré.

## PTÉROPHORIDES. — PTEROPHORIDÆ

Le genre Ptérophore (*Pterophorus*) compose à lui seul cette petite famille, correspondant à la

Fig. 79. — Ptérophore Hexadactyle.

tribu des *Fissipennes* (du latin *fissus*, fendu, et *penna*, plume, aile) de Latreille. Ce groupe comprend des Lépidoptères très-voisins des Teignes, mais qui en diffèrent par un caractère fort remarquable : celui d'avoir les ailes fendues dans toute leur longueur en tranches barbues sur leurs bords et ressemblant à des plumes disposées en éventail. Leurs chenilles ont seize pattes et sont recouvertes d'un duvet court et serré. Elles se filent un cocon à claire-voie.

Le P. HEXADACTYLE (*P. Hexadactylus*, fig. 79)

est la plus jolie espèce du genre. Ses ailes supérieures sont divisées en huit nervures barbues, et
les inférieures en quatre. Ces douze nervures
s'attachent et se collent ensemble par leurs barbes,
en sorte qu'elles semblent ne faire qu'une seule
aile continue, qui se ploie et se déploie comme
un éventail. Elles sont chargées de bandes brunes
sur un fond gris brunâtre. La chenille vit sur le

Fig. 80. — Ptérophore à Cinq Doigts.

chèvrefeuille, dont elle mange les fleurs. Ce papillon est peu commun dans les villes, mais les
maisons de campagne en sont remplies en automne,
et on le trouve courant sur les vitres des fenêtres.

Citons encore le P. A CINQ DOIGTS (*P. Pentadac-
tylus*, fig. 80), dont les ailes sont d'un blanc pur,
les supérieures divisées en deux lanières, les inférieures en trois. On le voit d'ordinaire, à l'entrée
de la nuit, voltigeant d'une façon indécise, qui le

fait ressembler à un flocon de neige flottant au gré du vent. Il ne parcourt jamais une grande distance et se pose assez lourdement sur les feuilles des plantes, sans avoir le soin de se cacher sous leur face inférieure, comme le font beaucoup de papillons nocturnes. Quand il reste quelque temps posé, il replie ses ailes de telle sorte qu'elles ne forment plus qu'une simple petite ligne blanche.

FIN

# INDEX

# TABLE DES MATIÈRES

—




Paris. — Typ. Rouge, Dunon et Fresné, rue du Four-St-Germ., 43.

POUR PARAITRE PROCHAINEMENT :

# LES
# COLÉOPTÈRES
## INDIGÈNES

OUVRAGE ILLUSTRÉ DE NOMBREUSES VIGNETTES

PAR

## M. RAVERET-WATTEL

*Membre de la Société zoologique d'acclimatation*

Typ. Rouge frères, Dunon et Fresné, rue du Four-St-Germain, 43.

www.ingramcontent.com/pod-product-compliance
Lightning Source LLC
LaVergne TN
LVHW010933180726
843502LV00004B/942